# Mecânica básica

# Mecânica básica

Otto Henrique Martins da Silva

2ª edição

Rua Clara Vendramin, 58 • Mossunguê
CEP 81200-170 • Curitiba • PR • Brasil
Fone: (41) 2106-4170
www.intersaberes.com
editora@intersaberes.com

**conselho editorial** • Dr. Alexandre Coutinho Pagliarini • Dr.ª Elena Godoy • Dr. Neri dos Santos • M.ª Maria Lúcia Prado Sabatella

**editora-chefe** • Lindsay Azambuja

**gerente editorial** • Ariadne Nunes Wenger

**assistente editorial** • Daniela Viroli Pereira Pinto

**edição** • Monique Francis Fagundes Gonçalves

**capa** • Iná Trigo

**projeto gráfico** • Mayra Yoshizawa

**diagramação** • Regiane Rosa

**iconografia** • Regina Claudia Cruz Prestes

1ª edição, 2016.
2ª edição, 2024.

Foi feito o depósito legal.

Informamos que é de inteira responsabilidade do autor a emissão de conceitos.

Nenhuma parte desta publicação poderá ser reproduzida por qualquer meio ou forma sem a prévia autorização da Editora InterSaberes.

A violação dos direitos autorais é crime estabelecido na Lei n. 9.610/1998 e punido pelo art. 184 do Código Penal.

**Dado internacionais de Catalogação na Publicação (CIP)**
**(Câmara Brasileira do Livro, SP, Brasil)**

Silva, Otto Henrique Martins da
  Mecânica básica / Otto Henrique Martins da Silva. -- 2. ed. -- Curitiba, PR : InterSaberes, 2024.

  Bibliografia.
  ISBN 978-85-227-0922-9

  1. Engenharia mecânica 2. Mecânica – Estudo e ensino I. Título.

23-184949                              CDD-531.07

**Índices para catálogo sistemático**
1. Mecânica: Estudo e ensino   531.07

Eliane de Freitas Leite – Bibliotecária – CRB 8/8415

# Sumário

Organização didático-pedagógica ................................................. 7
Apresentação ...................................................................................... 11

1 Medidas, unidades e grandezas físicas ........................... 13
   1.1 Arredondamento, notação científica e algarismos significativos ............................................................... 15
   1.2 Sistema Internacional de Unidades ........................... 18
   1.3 Conversão de unidades ................................................ 20

2 Movimento ............................................................................ 25
   2.1 Estudos dos movimentos .............................................. 27
   2.2 Velocidade média ........................................................... 29
   2.3 Velocidade escalar média ($S_{med}$) ............................ 30
   2.4 Aceleração média e aceleração instantânea ........... 31
   2.5 Aceleração constante .................................................... 34
   2.6 Aceleração em queda livre ........................................... 43
   2.7 Lançamento oblíquo ...................................................... 46

3 As leis de Newton ............................................................... 61
   3.1 Primeira Lei de Newton ................................................ 63
   3.2 Segunda Lei de Newton ................................................ 64
   3.3 Terceira Lei de Newton ................................................. 66
   3.4 Aplicações das leis de Newton .................................... 66
   3.5 Atrito ................................................................................. 70

4 Energia e trabalho .............................................................. 81
   4.1 Trabalho realizado por uma força ............................... 82
   4.2 Potência ........................................................................... 90
   4.3 Trabalho e energia cinética ......................................... 91

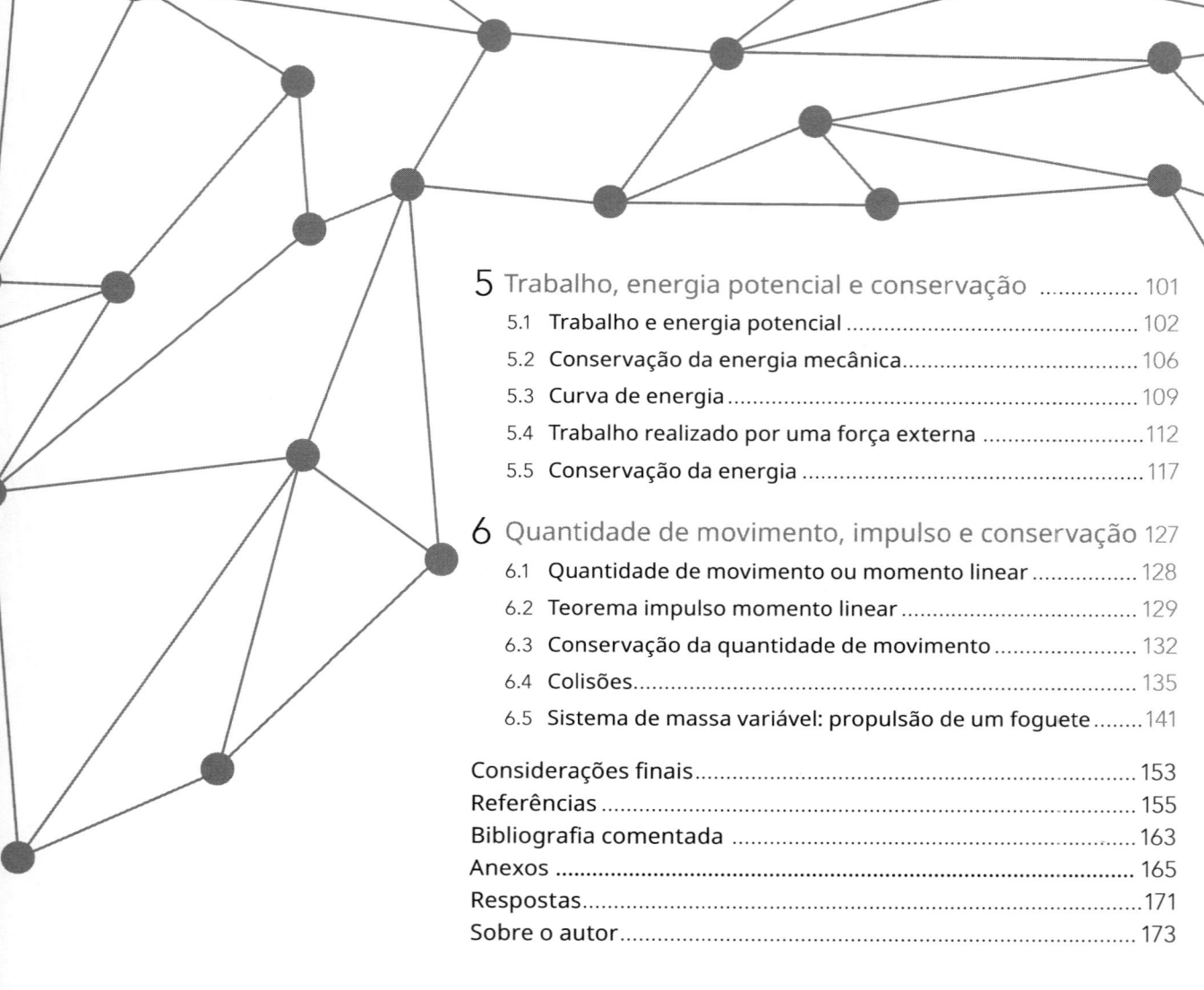

**5** Trabalho, energia potencial e conservação ............... 101
   5.1  Trabalho e energia potencial ............................................. 102
   5.2  Conservação da energia mecânica..................................... 106
   5.3  Curva de energia ................................................................ 109
   5.4  Trabalho realizado por uma força externa ......................... 112
   5.5  Conservação da energia ..................................................... 117

**6** Quantidade de movimento, impulso e conservação 127
   6.1  Quantidade de movimento ou momento linear ................ 128
   6.2  Teorema impulso momento linear ...................................... 129
   6.3  Conservação da quantidade de movimento ...................... 132
   6.4  Colisões............................................................................... 135
   6.5  Sistema de massa variável: propulsão de um foguete........ 141

Considerações finais................................................................. 153
Referências ............................................................................... 155
Bibliografia comentada ............................................................ 163
Anexos ...................................................................................... 165
Respostas.................................................................................. 171
Sobre o autor............................................................................ 173

# Organização didático-pedagógica

Este livro traz alguns recursos que visam enriquecer o seu aprendizado, facilitar a compreensão dos conteúdos e tornar a leitura mais dinâmica. São ferramentas projetadas de acordo com a natureza dos temas que examinaremos. Veja a seguir como esses recursos se encontram distribuídos no decorrer desta obra.

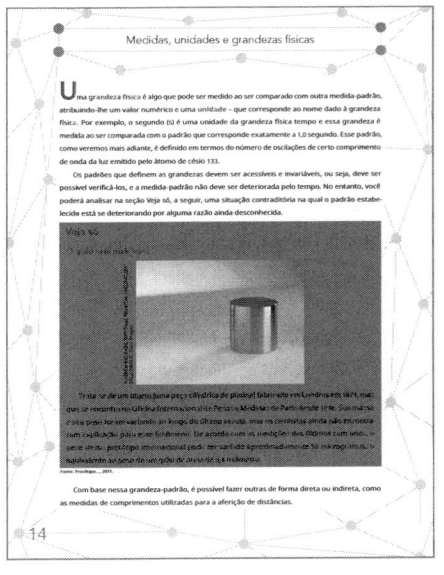

## Veja só
Essa seção apresenta informações interessantes e curiosas sobre o conteúdo trabalhado no capítulo.

## Síntese

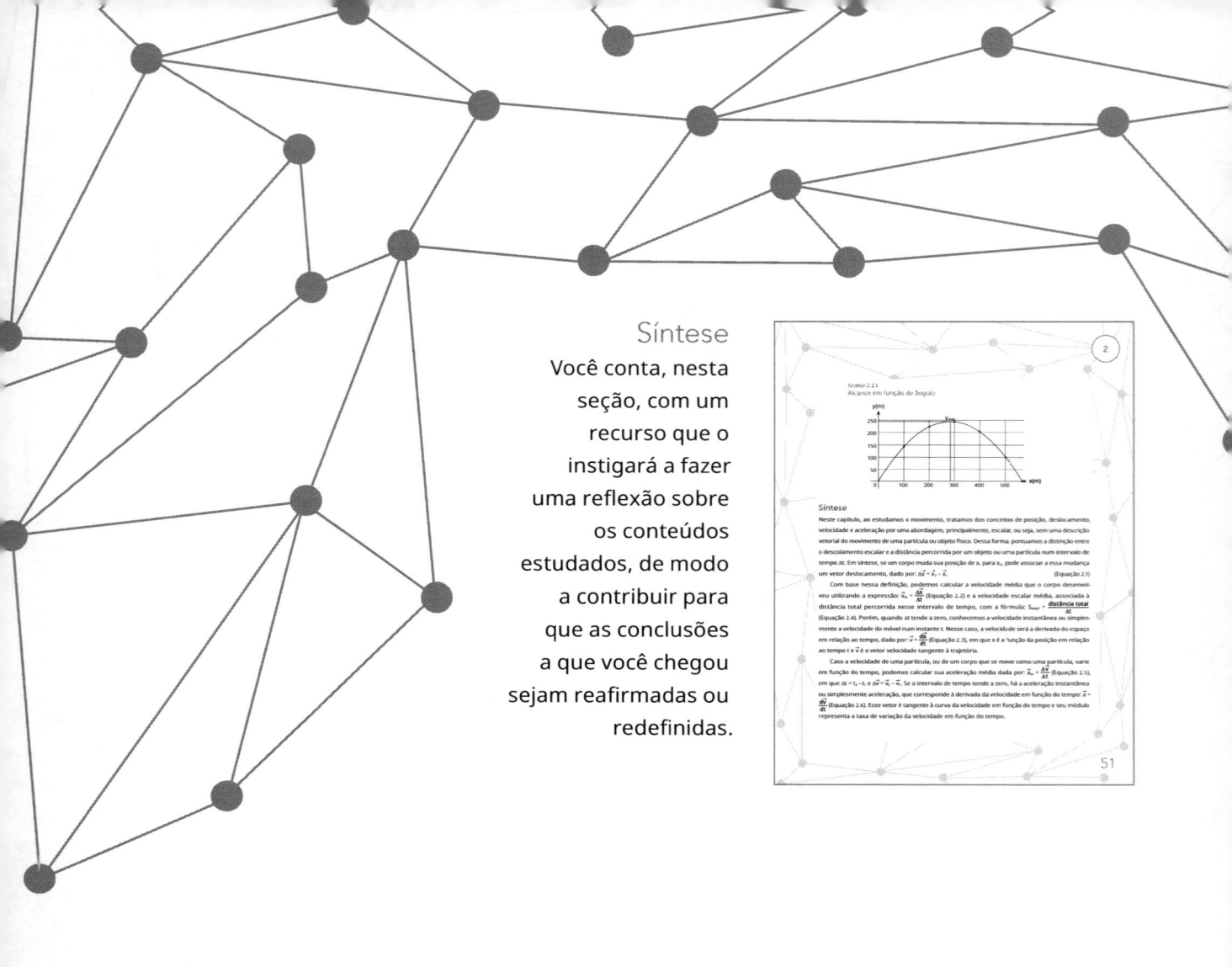

Você conta, nesta seção, com um recurso que o instigará a fazer uma reflexão sobre os conteúdos estudados, de modo a contribuir para que as conclusões a que você chegou sejam reafirmadas ou redefinidas.

## Conecte-se

Nessa seção, o autor apresenta um conjunto de atividades que contemplam a realização de experimentos orientados, a indicação de leituras que possibilitam um aprofundamento teórico e histórico sobre os conteúdos ensinados e a sugestão de vídeos que abordam os conceitos estudados no capítulo.

## Atividades de autoavaliação

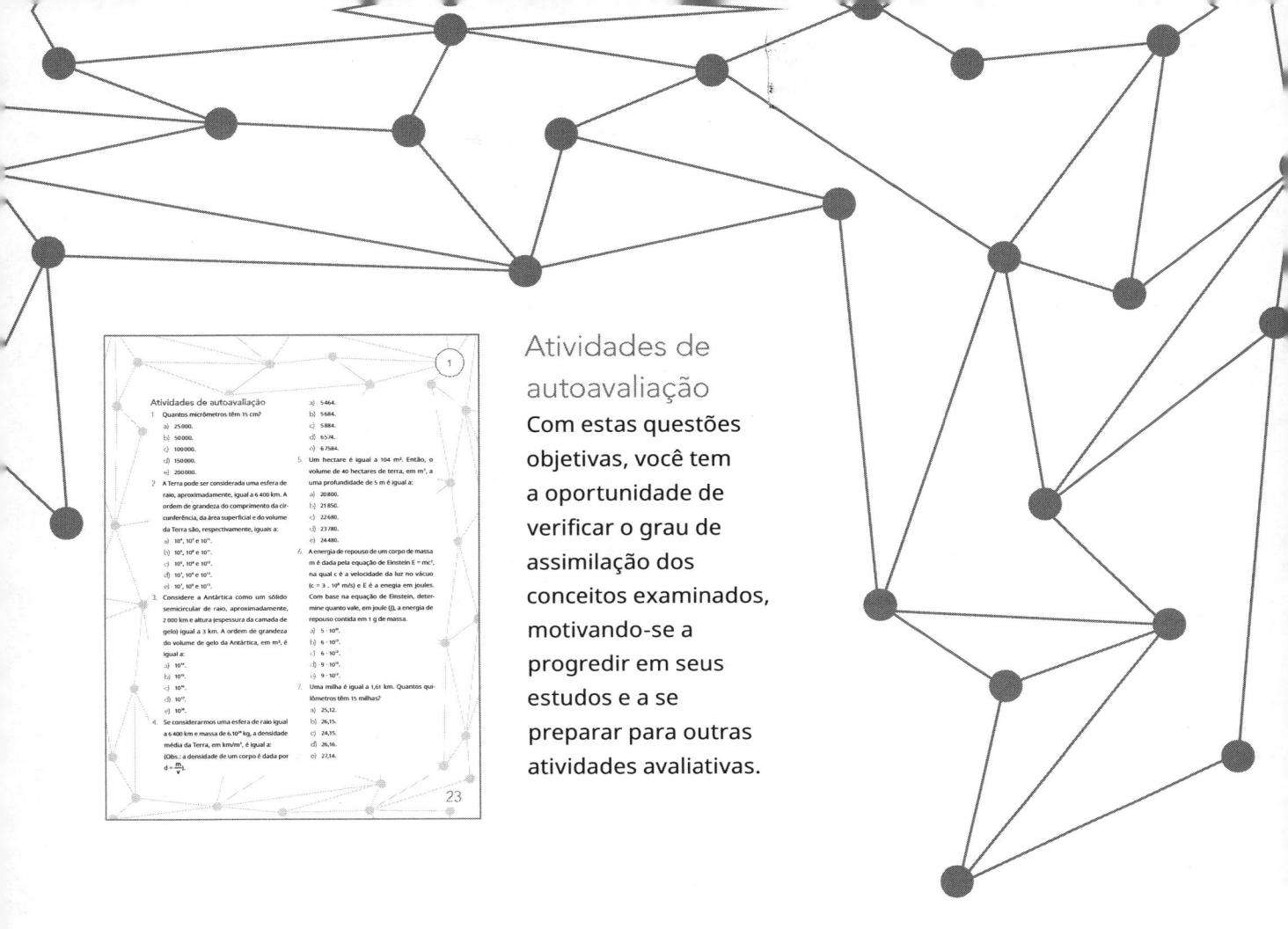

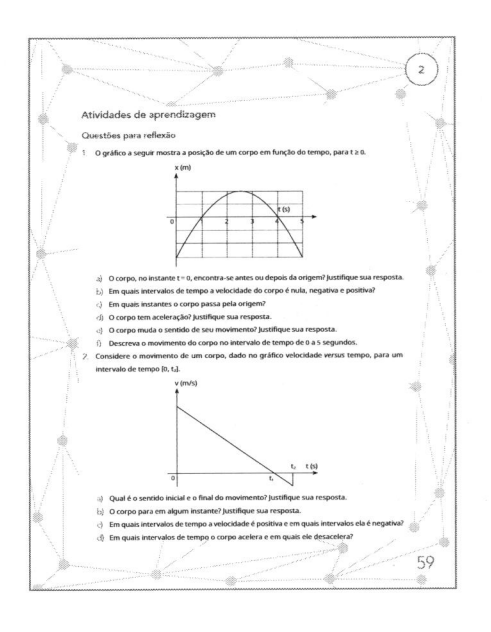

Com estas questões objetivas, você tem a oportunidade de verificar o grau de assimilação dos conceitos examinados, motivando-se a progredir em seus estudos e a se preparar para outras atividades avaliativas.

## Atividades de aprendizagem

Aqui você dispõe de questões cujo objetivo é levá-lo a analisar criticamente determinado assunto e aproximar conhecimentos teóricos e práticos.

# Apresentação

Nesta obra, abordamos campos da física clássica na área de ciências exatas. Propomos o estudo e a análise dos movimentos dos corpos considerando a atuação de forças ou apenas a cinemática do movimento, das transformações de energia mecânica e da conservação ou não conservação da quantidade de movimento.

O tema central de nossa abordagem são os movimentos não curvilíneos dos corpos, considerando-se as forças que interagem com esses corpos, no que diz respeito às análises das energias envolvidas e as relações que estas estabelecem com a grandeza física trabalho. Nessa perspectiva, buscamos a quantificação desses movimentos e as respectivas relações com as forças atuantes sobre os corpos, ou seja, empreendemos o estudo da quantidade de movimento, do impulso e do princípio da conservação do *momentum*. Assim, procuramos privilegiar a aprendizagem por meio de diversos recursos pedagógicos, principalmente tendo em vista a diversidade das atividades propostas, experimentos, leituras, bem como dos simuladores diretamente relacionados aos conteúdos estudados, todos indicados no final de cada capítulo.

Desse modo, organizamos os conteúdos desta obra de forma sequencial e com níveis de complexidade ascendente, porém, didaticamente. De acordo com essa preocupação, iniciamos nossos estudos, no Capítulo 1, com conceitos e temas sobre medidas, unidades de medidas e grandezas físicas relacionadas.

No Capítulo 2, tratamos dos movimentos dos corpos, de modo que seja possível compreender os conceitos físicos e as equações matemáticas relacionadas a esses conceitos por meio da descrição desses movimentos.

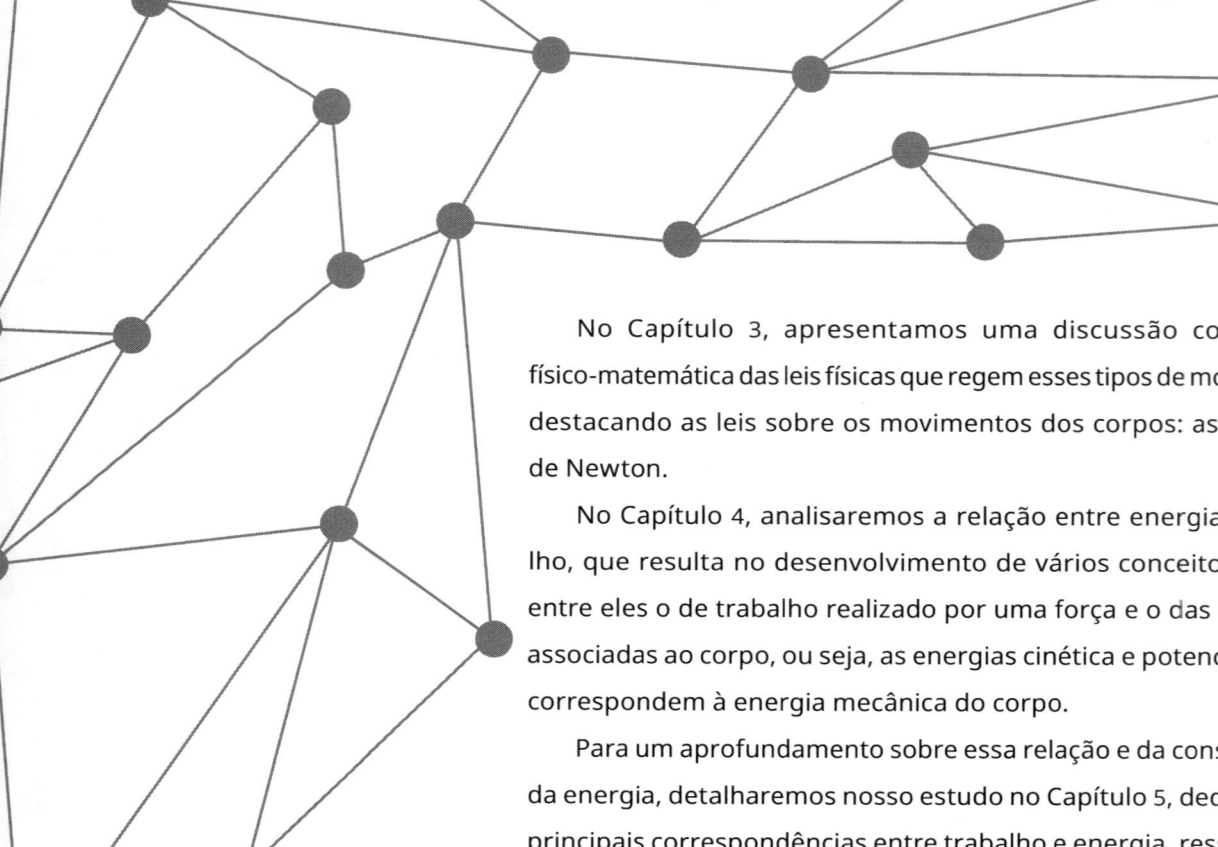

No Capítulo 3, apresentamos uma discussão conceitual físico-matemática das leis físicas que regem esses tipos de movimento, destacando as leis sobre os movimentos dos corpos: as três leis de Newton.

No Capítulo 4, analisaremos a relação entre energia e trabalho, que resulta no desenvolvimento de vários conceitos físicos, entre eles o de trabalho realizado por uma força e o das energias associadas ao corpo, ou seja, as energias cinética e potencial – que correspondem à energia mecânica do corpo.

Para um aprofundamento sobre essa relação e da conservação da energia, detalharemos nosso estudo no Capítulo 5, dedicado às principais correspondências entre trabalho e energia, ressaltando os aspectos associados aos sistemas conservativos, como as forças conservativas e a relação fundamental entre força conservativa e energia potencial.

Para finalizar, no Capítulo 6, versaremos sobre a quantificação do movimento, o impulso e principalmente a conservação dessa quantidade. Assim, nesse capítulo, analisaremos diversas colisões entre corpos, buscando uma compreensão dos processos interativos que ocorrem nesse tipo de fenômeno físico, ou seja, o impulso produzido pelas forças que atuam entre os corpos e a conservação de sistemas quando estes são considerados sistemas isolados.

Esta obra propõe um estudo amplo e bem fundamentado em conceitos físicos e na linguagem matemática, ou seja, tem um papel estruturante para que o conhecimento físico seja apresentado e socializado.

# 1. Medidas, unidades e grandezas físicas

# Medidas, unidades e grandezas físicas

Uma **grandeza física** é algo que pode ser medido ao ser comparado com outra medida-padrão, atribuindo-lhe um valor numérico e uma **unidade** – que corresponde ao nome dado à grandeza física. Por exemplo, o segundo (s) é uma unidade da grandeza física tempo e essa grandeza é medida ao ser comparada com o padrão que corresponde exatamente a 1,0 segundo. Esse padrão, como veremos mais adiante, é definido em termos do número de oscilações de certo comprimento de onda da luz emitido pelo átomo de césio 133.

Os padrões que definem as grandezas devem ser acessíveis e invariáveis, ou seja, deve ser possível verificá-los, e a medida-padrão não deve ser deteriorada pelo tempo. No entanto, você poderá analisar na seção Veja só, a seguir, uma situação contraditória na qual o padrão estabelecido está se deteriorando por alguma razão ainda desconhecida.

## Veja só

### O quilo está mais leve!

Trata-se de um objeto [uma peça cilíndrica de platina] fabricado em Londres em 1879, mas que se encontra na Oficina Internacional de Pesos e Medidas de Paris desde 1898. Sua massa e seu peso foram variando ao longo do último século, mas os cientistas ainda não encontraram explicação para esse fenômeno. De acordo com as medições dos últimos cem anos, o peso desse protótipo internacional pode ter variado aproximadamente 50 microgramas, o equivalente ao peso de um grão de areia de 0,4 milímetro.

Fonte: Protótipo..., 2011.

Com base nessa grandeza-padrão, é possível fazer outras de forma direta ou indireta, como as medidas de comprimentos utilizadas para a aferição de distâncias.

- **Medida direta** – Corresponde ao valor obtido com o uso de instrumento de medida. Alguns exemplos são a aferição: do comprimento de uma barra, com uma escala; da massa de um corpo, com uma balança; ou do tempo de duração de um eclipse, com um cronômetro.
- **Medida indireta** – Corresponde ao resultado obtido com equações matemáticas que relacionam outras grandezas diretamente mensuráveis. Por exemplo, a medida de velocidade média, que resulta das medidas da distância e do intervalo de tempo.

## 1.1 Arredondamento, notação científica e algarismos significativos

O arredondamento de uma medida, quando necessário, ocorre de acordo com a seguinte regra. Considere uma medida representada pelos algarismos AB,CDE, sendo B o algarismo a ser arredondado e CDE os algarismos excedentes que devem ser suprimidos se a medida estiver entre AB,000 e AB,499. Caso a medida esteja entre AB,500 e AB,999, o algarismo B aumenta uma unidade e os algarismos CDE são suprimidos. Assim, se a medida em questão for 23,567 m, o valor arredondado será 24 m; mas, se for 23,234 m, o valor arredondado será 23 m.

Ao realizarmos a medição de um objeto, como o lápis da Figura 1.1, a exatidão do resultado depende da precisão do instrumento de medida. No caso da mensuração do comprimento do lápis, uma possível leitura é 6,7 cm, mas não podemos afirmar que esse seja o valor exato dessa medida. Não há dúvidas sobre o primeiro algarismo (7 cm), porém não podemos dizer o mesmo sobre o segundo, ou seja, o algarismo correspondente aos décimos de centímetro, 0,7 cm.

Figura 1.1
Medindo o lápis

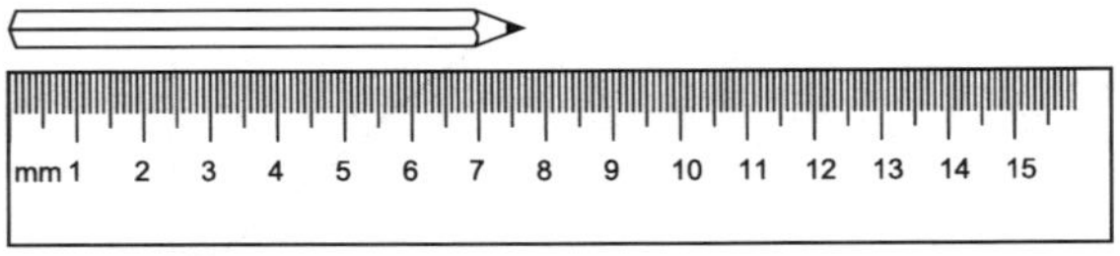

O algarismo de cujo valor não temos certeza é denominado *algarismo duvidoso* e ocorre em todas as medidas que possam ser realizadas. Esse fato causa uma imprecisão no resultado da medida, que, por sua vez, é chamada *incerteza*; ela depende da precisão do instrumento de medida.

No caso da medida do lápis, a imprecisão da régua da Figura 1.1 é metade da menor unidade que ela apresenta, ou seja, $\frac{1\,cm}{2}$ = 0,5 cm. Desse modo, o algarismo dos décimos de centímetros sempre será o duvidoso, pois a precisão da régua é de 0,5 cm; já o algarismo da unidade de centímetro, ou seja, o 7, é o algarismo não duvidoso. Os algarismos certos e o primeiro duvidoso são denominados *algarismos significativos* e representam a medida de dada grandeza física. Ainda em relação à definição de algarismo significativo, zeros à esquerda dos números certos não são significativos, mas zeros à direita o são.

Na Figura 1.2, podemos observar a medida da barra indicada nas duas escalas: na escala A, a medida é 9,7 cm; na escala B, que conta com maior precisão, a medida do comprimento é de 9,65 cm. Na escala A, o algarismo duvidoso é o 7 e essa medida tem dois algarismos significativos. Já na escala B, a medida tem três algarismos significativos e o algarismo duvidoso é o 5.

Figura 1.2
Medindo a barra

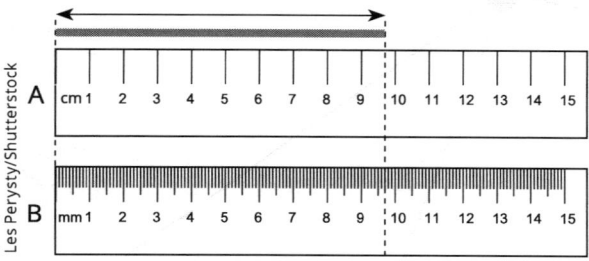

A operacionalização algébrica com algarismos significativos deve ser efetuada com cuidado, pois o número de algarismos significativos do resultado não deve ultrapassar a quantidade de algarismos significativos do fator que contém o menor número desses algarismos.

Por exemplo, ao adicionarmos 1,5 cm + 3,25 cm, temos como resultado 4,75 cm. No entanto, como um dos fatores tem apenas dois algarismos significativos, o resultado não deve ultrapassar esse número. Assim, teremos como soma das medidas o valor 4,8 cm, seguindo a regra de arredondamento. Do mesmo modo, isso ocorre com a multiplicação entre as medidas 5,52 cm · 2,4 cm, para a qual o resultado, ao considerar o critério já exposto, é 13,3 cm (com arredondamento), e não 13,248 cm.

O resultado de uma medida apresentada com os respectivos algarismos significativos geralmente é dado na forma de notação científica, que pode ser assim representada:

$$N \cdot 10^n$$

- N é um número compreendido entre 1 e 10 ($1 < N < 10$) e o expoente da potência é um número inteiro;
- essa notação também pode indicar a ordem de grandeza por meio da potência de 10, sendo $10^n$ (se $N < \sqrt{10}$) ou $10^{n+1}$ (se $N > \sqrt{10}$);
- desse modo, a medida da distância média do Sol à Terra é cerca de $1,5 \cdot 10^{11}$ m, cuja ordem de grandeza é $10^{11}$ m; já a ordem de grandeza do raio da Terra é $10^7$ m, pois o valor médio desse raio é igual a $6,4 \cdot 10^6$ m.

### Exemplo 1.1

A distância média entre a Terra e o Sol é de aproximadamente 150 000 000 km. Qual é a representação dessa distância em notação científica?

Solução:

Ao considerar a definição de notação científica, essa distância será dada por: $1,5 \cdot 10^8$ km. Se for dada em metros, será: $1,5 \cdot 10^{11}$ m.

Exemplo 1.2

O elétron, de acordo com a Física quântica, pode ser considerado uma onda, cujo comprimento é, aproximadamente, 0,00000000000243 m. Esse comprimento de onda é denominado *comprimento de onda de Compton*. Represente essa medida em notação científica.

Solução:

O valor, em notação científica, será: $2,43 \cdot 10^{-12}$ m.

Os valores representados no Exemplo 1.2, em notação científica, podem, também, ser indicados por prefixos que representam a ordem de grandeza dessas medidas. Assim, o comprimento de onda de Compton pode ser representado por 2,43 pm (ordem de grandeza de $10^{-12}$), ou a potência de uma usina hidroelétrica de $2,3 \cdot 10^9$ W pode ser indicada por 2,3 GW (ordem de grandeza de $10^9$).

O Quadro 1.1 mostra todos os prefixos que podem ser utilizados para suprimir as potências de dez, cujo expoente é um número inteiro, conforme o Sistema Internacional de Unidades (SI).

Quadro 1.1
Prefixos das unidades do SI

| Fator | Prefixo | Símbolo |
|---|---|---|
| $10^9$ | giga- | G |
| $10^6$ | mega- | M |
| $10^3$ | quilo- | k |
| $10^{-2}$ | centi- | c |
| $10^{-3}$ | mili- | m |
| $10^{-6}$ | micro- | μ |
| $10^{-9}$ | nano- | n |
| $10^{-12}$ | pico- | p |

Esses prefixos, denominados *prefixos SI* ou *prefixos métricos*, são padronizados pelo Bureau Internacional de Pesos e Medidas e, quando empregados, reduzem o número de zeros de uma medida muito pequena ou muito grande. Por exemplo: a medida de 0,000000001 m pode ser expressa por 1 ηm; ou o valor de 1 000 000 000 W pode ser escrito como 1 GW.

# Medidas, unidades e grandezas físicas

## 1.2 Sistema Internacional de Unidades

O Sistema Internacional de Unidades consiste no conjunto de grandezas físicas e suas respectivas unidades, definidas com base em sete grandezas fundamentais. Essas grandezas foram escolhidas na Conferência Geral de Pesos e Medidas, realizada em Genebra, em 1971, e correspondem a: comprimento, massa, tempo, temperatura, corrente elétrica, intensidade luminosa e quantidade de matéria (Inmetro, 2007).

Todas as demais grandezas físicas, como força, velocidade, aceleração, potência, entre outras, são derivadas das grandezas fundamentais.

Nesta obra, as unidades fundamentais para nosso estudo são: o metro (m), o quilograma (kg) e o segundo (s), usados para medir, respectivamente, as grandezas de comprimento, massa e tempo, e cujas definições evoluíram com o desenvolvimento científico. Por exemplo, o metro já foi conforme definido como a décima milionésima parte da distância entre o Polo Norte e o Equador, definido em 1792, na França, na criação do sistema de pesos e medidas. Na sequência, a definição do metro foi alterada para a distância entre duas linhas gravadas numa barra de platina-irídio, mantida no Bureau Internacional de Pesos e Medidas, em Paris. Uma medida-padrão mais precisa foi definida com base no comprimento de onda da luz, ou seja, correspondente a 1 650 763,73 comprimentos de ondas da luz vermelho-alaranjada emitida por átomos de criptônio 86 num tubo de descarga de gás. No entanto, somente em 1983, essa unidade-padrão foi alterada para a definição atual: o metro é a distância percorrida pela luz no vácuo durante um intervalo de tempo de $\frac{1}{299\,792\,458}$ segundo (Inmetro, 2007). No Quadro 1.2, a seguir, apresentamos algumas distâncias importantes que envolvem o Universo e o mundo subatômico.

Quadro 1.2
Algumas medidas importantes (m)

| | |
|---|---|
| Distância da Terra à galáxia Andrômeda | $2 \cdot 10^{22}$ |
| Distância da Terra à Próxima Centauri (estrela mais próxima) | $4 \cdot 10^{16}$ |
| Distância da Terra a Plutão (planeta-anão) | $6 \cdot 10^{12}$ |
| Raio da Terra | $6 \cdot 10^{6}$ |
| Altura do Monte Everest | $9 \cdot 10^{3}$ |
| Espessura de uma página | $1 \cdot 10^{-4}$ |
| Raio do átomo de hidrogênio | $5 \cdot 10^{-11}$ |
| Raio do próton | $1 \cdot 10^{-15}$ |

Outra grandeza fundamental é o tempo, definido com base em um fenômeno que pode ser reproduzido a qualquer momento. Por exemplo, a rotação da Terra pode ser tomada como uma unidade-padrão de tempo e corresponde ao intervalo temporal em que a Terra dá uma volta completa em torno de seu eixo de rotação. Essa medida foi adotada por vários séculos até ser alterada por outras mais exatas, como os relógios ou os relógios atômicos, que podem reproduzir uma unidade-padrão com bastante precisão: para que um desses relógios produzisse um erro equivalente a 1 segundo, seria necessário um milhão de anos.

Atualmente, os relógios no Brasil podem ser acertados com base no Observatório Nacional[i], mas também existem outros padrões de tempo que disponibilizam relógios atômicos (Figura 1.3) como o do National Institute of Standards and Technology (Nist), em Boulder, Colorado, EUA, ou o do United States Naval Observatory (Nist, 2016).

Ao considerar essas evoluções tecnológicas, a medida-padrão de tempo foi adotada, em 1967, pela Conferência Geral de Pesos e Medidas, com base no relógio de césio 133, e ficou definido que o **segundo** corresponde ao intervalo de tempo de 9 192 631 770 oscilações de um comprimento específico da luz emitida por um átomo de césio 133.

A massa, outra grandeza fundamental, tem como unidade de medida no SI o quilograma-padrão (Figura 1.4). Esse padrão de massa é guardado no Bureau Internacional de Pesos e Medidas, em Paris, e cópias dele foram produzidas e enviadas para laboratórios de padronização de diversos países, para que as massas de outros corpos pudessem ser determinadas pela comparação com o quilograma-padrão.

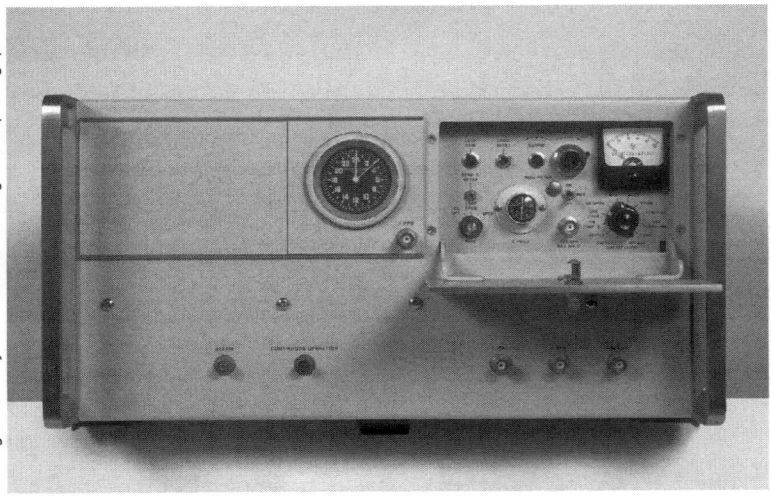

Figura 1.3
Relógio atômico

---

i   Para conferir a hora oficial brasileira, acesse: <http://www.horalegalbrasil.mct.on.br/>, e selecione a opção "Acerte seu relógio", no menu lateral esquerdo da página.

# Medidas, unidades e grandezas físicas

Figura 1.4
Quilograma-padrão

No Quadro 1.3, exemplificamos alguns valores aproximados de massas e a respectiva ordem de grandeza.

Quadro 1.3
Algumas massas aproximadas (kg)

| Sol | $2 \cdot 10^{30}$ |
|---|---|
| Terra | $6 \cdot 10^{24}$ |
| Lua | $7 \cdot 10^{22}$ |
| Transatlântico | $7 \cdot 10^{7}$ |
| Grão de poeira | $7 \cdot 10^{-10}$ |
| Átomo de urânio | $4 \cdot 10^{-25}$ |
| Próton | $2 \cdot 10^{-27}$ |
| Elétron | $9 \cdot 10^{-31}$ |

Perceba que a medida da massa de um corpo pode estar associada a um valor muito pequeno, como a massa de um elétron; ou muito grande, como a do Sol.

## 1.3 Conversão de unidades

As grandezas físicas podem apresentar unidades de medidas diferentes, sendo necessária, portanto, uma mudança equivalente entre essas unidades. Para isso, devemos conhecer os fatores de conversão de unidades para cada grandeza, ou seja, se quisermos saber o valor em m³ correspondente da 100 L³, devemos encontrar o fator de conversão. Nesse caso, tomamos como referência a equivalência entre as unidades em questão, ou seja, 1 m³ = 1000 L. Com base nessa equivalência, obtemos a razão $\frac{1\,m^3}{1000\,L} = 1$ ou $\frac{1000\,L}{1\,m^3} = 1$, cuja escolha depende da unidade que queremos transformar. Como desejamos eliminar a unidade L e obter a unidade m³, devemos optar pela primeira razão. Assim, $100\,L \cdot \frac{1\,m^3}{1000\,L} = \frac{100}{1000}\,m^3 = 0{,}1\,m^3$, ou seja, 100 L é igual a 0,1 m³. Essa forma de realizar as transformações de unidade é a regra da cadeia, e as razões obtidas são os **fatores de conversão**. Outros fatores de conversão utilizados são $\frac{1\,min}{60\,s} = 1$, $\frac{1\,h}{3600\,s} = 1$, $\frac{3{,}6\,km/h}{m/s} = 1$, $\frac{1\,m/s}{3{,}6\,km/h} = 1$. No caso do fator km/h para m/s, foram realizados os seguintes passos: $1\,\frac{km}{h} = 1\,\frac{km}{h} \cdot \frac{1000\,m}{1\,km} \cdot \frac{1\,h}{60\,min} \cdot \frac{1\,min}{60\,s} = \frac{1}{3{,}6} \cdot \frac{m}{s}$. Assim, $1\,\frac{km}{h} = \frac{1}{3{,}6}\,\frac{m}{s}$.

### Exemplo 1.3

Recentemente, em 20 de abril de 2015, o trem-bala japonês Maglev bateu o próprio recorde de velocidade. Esse trem alcançou a velocidade de 603 km/h. Qual é o valor dessa velocidade em m/s e cm/s?

Solução:

Para resolvermos a questão, calcularemos $603\,\frac{km}{h} \cdot \frac{1\,h}{60\,min} \cdot \frac{1\,min}{60\,s} \cdot \frac{1000\,m}{1\,km} = 167{,}5\,\frac{m}{s}$.

Para cm/s, empregamos o fator $\frac{100\,cm}{m} = 1$.

Logo, $\frac{167{,}5\,m}{s} \cdot \frac{100\,cm}{m} = 16\,750$ cm/s.

## Síntese

Neste capítulo, explicamos que as precisões e as incertezas são inerentes às realizações de uma medida física e que o número de algarismos significativos depende da precisão do instrumento de medida. Além disso, comentamos que o resultado de uma medida, com os respectivos algarismos significativos, geralmente, é apresentado na forma de notação científica ($N \cdot 10^n$) e que essa forma de notação representa dada ordem de grandeza. Na sequência, também abordamos as definições-padrão das grandezas físicas de medidas, como o metro, o tempo e a massa, e as respectivas conversões de unidades com outras unidades de medidas.

## Conecte-se

A seguir, sugerimos algumas leituras, vídeos e simuladores sobre medidas de grandezas físicas do Sistema Internacional de Unidades e unidades usuais. No material sugerido, você poderá ter acesso ao documento oficial *Le Système international d'unités* (Sistema Internacional de Unidades), traduzido pelo Instituto Nacional de Metrologia, Qualidade e Tecnologia (Inmetro) e também aos *sites* oficiais sobre medidas do Inmetro e do Instituto de Pesos e Medida do Paraná (Ipem). Você conhecerá a história e a obtenção das medidas e realizará conversões de unidade de grandezas físicas por meio de simuladores na *web*, inclusive realizando medidas virtuais com um paquímetro.

Com relação às atividades experimentais, disponibilizamos orientações sobre o uso do paquímetro e do nônio, assim como orientações teóricas sobre o tratamento estatístico de dados obtidos experimentalmente. Essa indicação da leitura lhe proporcionará subsídios teóricos para que você organize e padronize as medidas, bem como realize as atividades experimentais.

# Medidas, unidades e grandezas físicas

## Experimentos

GALVÃO, R. M. O. (Coord.). **Tratamento estatístico de dados experimentais**. FAP 2292. Instituto de Física, USP. 2010. Disponível em: <http://disciplinas.stoa.usp.br/pluginfile.php/15183/mod_folder/content/0/LAB2292_2010E0T-estat.pdf?forcedownload=1>. Acesso em: 5 nov 2016.

Nesse material, faz-se uma abordagem teórica sobre a padronização das medidas das grandezas físicas obtidas com instrumentos métricos. Mostra também como obter os valores médios, os erros e os desvios das medidas.

INSTRUMENTOS de medidas e medidas físicas. Experimento 1. Disponível em: <http://www2.fis.ufba.br/dftma/Roteiros/EXP%201_e_2_Medidas_%20Fisicas.pdf>. Acesso em: 5 nov. 2016.

Esse texto explica como operar com algarismos significativos, definir o limite do erro instrumental para instrumentos de medição, definir o desvio avaliado para medidas feitas com vários instrumentos e realizar medidas físicas.

## Leituras

INMETRO – Instituto Nacional de Metrologia, Qualidade e Tecnologia. **Sistema Internacional de Unidades**. Rio de Janeiro, 2012. Disponível em: <http://www.inmetro.gov.br/noticias/conteudo/sistema-internacional-unidades.pdf>. Acesso em: 5 nov. 2016.

É a tradução autorizada pelo BIPM da 8ª edição internacional de 2006 de sua publicação bilíngue *Le Système international d'unités*.

## Filmes/vídeos

HISTORIA de las medidas: en su justa medida. Disponível em: <https://www.youtube.com/watch?v=srAzK4jqZPE>. Acesso em: 5 nov. 2016.

Um breve histórico sobre as medidas de grandezas físicas.

## *Site*

INMETRO – Instituto Nacional de Metrologia, Qualidade e Tecnologia. Disponível em: <http://www.inmetro.gov.br/>. Acesso em: 5 nov. 2016.

O Inmetro é uma autarquia federal vinculada ao Ministério do Desenvolvimento, Indústria e Comércio Exterior, que atua como Secretaria Executiva do Conselho Nacional de Metrologia, Normalização e Qualidade Industrial (Conmetro), colegiado interministerial, que é o órgão normativo do Sistema Nacional de Metrologia, Normalização e Qualidade Industrial (Sinmetro).

## Simuladores

CONVERTWORLD. Disponível em: <http://www.convertworld.com/pt/>. Acesso em: 5 nov. 2016.

Disponibiliza conversões de unidades de medidas de diversas grandezas físicas.

METRIC CONVERSIONS. **Tabelas de conversão métricas e calculadoras para conversões métricas**. Disponível em: <http://www.metric-conversions.org/pt-br/>. Acesso em: 5 nov. 2016.

Contém informação sobe o sistema métrico e disponibiliza tabelas de conversão métricas e calculadoras para conversões métricas com sugestões de aplicativos para *smartphone*.

STEFANELLI, E. J. **Guia de interação**: paquímetro universal com nônio ou vernier, digital ou com relógio; em milímetro, polegada fracionária ou polegada milesimal. Disponível em: <http://www.stefanelli.eng.br/webpage/metrologia/i-paquimetro.html>. Acesso em: 5 nov. 2016.

O objetivo da página é orientar os estudos e servir de índice para outras páginas que tratam dos tópicos: paquímetro universal com nônio ou vernier; paquímetro com relógio e paquímetro digital com escalas em milímetro; polegada fracionária e polegada milesimal.

## Atividades de autoavaliação

1. Quantos micrômetros têm 15 cm?
   a) 25 000.
   b) 50 000.
   c) 100 000.
   d) 150 000.
   e) 200 000.

2. A Terra pode ser considerada uma esfera de raio, aproximadamente, igual a 6 400 km. A ordem de grandeza do comprimento da circunferência, da área superficial e do volume da Terra são, respectivamente, iguais a:
   a) $10^4$, $10^7$ e $10^{11}$.
   b) $10^6$, $10^8$ e $10^{11}$.
   c) $10^5$, $10^8$ e $10^{12}$.
   d) $10^7$, $10^9$ e $10^{13}$.
   e) $10^7$, $10^8$ e $10^{13}$.

3. Considere a Antártica como um sólido semicircular de raio, aproximadamente, 2 000 km e altura (espessura da camada de gelo) igual a 3 km. A ordem de grandeza do volume de gelo da Antártica, em m³, é igual a:
   a) $10^{14}$.
   b) $10^{15}$.
   c) $10^{16}$.
   d) $10^{17}$.
   e) $10^{18}$.

4. Se considerarmos uma esfera de raio igual a 6 400 km e massa de $6.10^{24}$ kg, a densidade média da Terra, em km/m³, é igual a:
   (Obs.: a densidade de um corpo é dada por $d = \frac{m}{v}$).
   a) 5 464.
   b) 5 684.
   c) 5 884.
   d) 6 574.
   e) 6 7584.

5. Um hectare é igual a 104 m². Então, o volume de 40 hectares de terra, em m³, a uma profundidade de 5 m é igual a:
   a) 20 800.
   b) 21 850.
   c) 22 680.
   d) 23 780.
   e) 24 480.

6. A energia de repouso de um corpo de massa m é dada pela equação de Einstein $E = mc^2$, na qual c é a velocidade da luz no vácuo ($c = 3 \cdot 10^8$ m/s) e E é a enegia em joules. Com base na equação de Einstein, determine quanto vale, em joule (J), a energia de repouso contida em 1 g de massa.
   a) $5 \cdot 10^{10}$.
   b) $6 \cdot 10^{13}$.
   c) $6 \cdot 10^{12}$.
   d) $9 \cdot 10^{13}$.
   e) $9 \cdot 10^{12}$.

7. Uma milha é igual a 1,61 km. Quantos quilômetros têm 15 milhas?
   a) 25,12.
   b) 26,15.
   c) 24,15.
   d) 26,16.
   e) 27,14.

# Medidas, unidades e grandezas físicas

8. Num frasco de molho para salada está indicado, no rótulo, o volume de 450 mL. O volume, em m³, é igual a:
   a) $1,5 \cdot 10^{-4}$.
   b) $2,5 \cdot 10^{-4}$.
   c) $3,5 \cdot 10^{-4}$.
   d) $4,5 \cdot 10^{-4}$.
   e) $5,5 \cdot 10^{-4}$.

9. Assinale a alternativa que corresponde ao tempo, em microssegundos (μs), necessário para a luz percorrer uma distância de 10 km.
   a) 23,33.
   b) 33,33.
   c) 43,33.
   d) 53,33.
   e) 63,33.

10. Dez bilhões de segundos correspondem a aproximadamente quantos anos?
    a) 2,2.
    b) 3,1.
    c) 3,4.
    d) 3,5.

## Atividades de aprendizagem

### Questões para reflexão

1. Calcule sua altura, a área superficial e o volume de seu corpo em cm, cm² e cm³, respectivamente. Determine também o peso de seu corpo em newtons.

2. Foram realizadas cinco medições do diâmetro, em mm, de um lápis com um paquímetro, obtendo-se: 7,25, 7,26, 7,27, 7,22 e 7,28. Ao considerar tais medidas, represente a melhor medida com sua incerteza. (Para isso, consulte o material sugerido em: <http://disciplinas.stoa.usp.br/pluginfile.php/15183/mod_folder/content/0/LAB2292_2010E0T-estat.pdf?forcedownload=1>.)

### Atividade aplicada: prática

1. Utilizando apenas uma régua, lápis e cálculos matemáticos, obtenha a espessura aproximada da folha de seu caderno de matérias. Faça uma descrição dos procedimentos adotados e represente o valor com a incerteza de seu instrumento de medida.

# 2.
# Movimento

# Movimento

Neste capítulo, abordaremos os movimentos dos corpos desde os primeiros conceitos, como *posição*, *deslocamento*, *velocidade* e *aceleração*, até os conceitos físicos, como os movimentos uniformes e acelerados. Na Figura 2.1, por exemplo, os carrinhos encontram-se de ponta-cabeça na pista de autorama, no entanto, não caem do brinquedo. Por qual razão isso acontece? O que faz os carrinhos passarem pela posição mais alta do *looping* sem cair? Quais são as forças responsáveis por esse feito? Para responder a essas questões, é importante que você compreenda bem os conceitos iniciais que envolvem diversos tipos de movimentos uniforme e uniformemente variável, ou seja, movimentos com a aceleração constante ou não, para melhor entender, aplicar e aprofundar os conceitos que fundamentam o estudo dos movimentos dos corpos.

## Veja só

### O desafio de criar rodas para o carro mais rápido do mundo

O deserto de Hakskeen Pan, na África do Sul, é provavelmente a faixa de terra mais vazia do mundo. Até onde os olhos alcançam, só se vê as rachaduras do chão de terra queimada pelo sol. Mas quando alguém percorre o local a 1 609 km/h, até mesmo o terreno mais límpido apresenta perigos escondidos.

"É uma velocidade maior do que a de uma bala de revólver", explica o engenheiro Mark Chapman. "Se você passar por cima de um cascalho, é como se alguém estivesse disparando contra a roda".

Construir rodas à prova de "balas" é apenas um dos muitos desafios que Chapman enfrenta em seu posto de engenheiro-chefe do Bloodhound Supersonic Car, o carro mais rápido do mundo. "Estas serão as rodas mais velozes da história", diz ele. [...]

Fonte: Robson, 2015.

Figura 2.1
Força e movimento

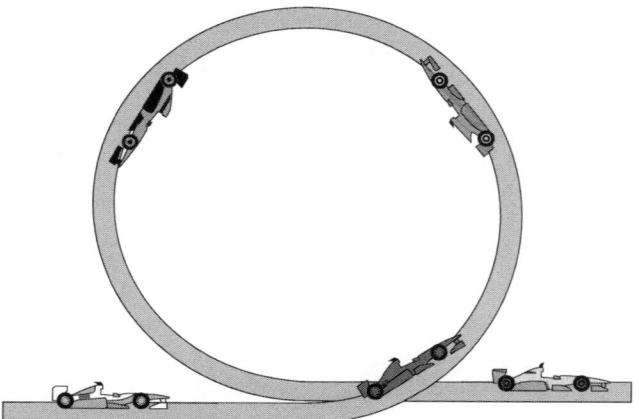

Outra questão importante está relacionada com a forma como os problemas devem ser solucionados, pois há um modo estratégico para resolver os problemas de física que tratam de movimento e força. Ao nos debruçarmos sobre a resolução de um problema dessa natureza, devemos estar atentos ao texto que o compõe, ou seja, precisamos de boa compreensão do que está escrito e das informações dadas. Finalmente, com as informações e a clareza sobre o problema, podemos identificar as forças envolvidas a fim de representá-las esquematicamente em diagrama do corpo livre – que será explicado oportunamente.

## 2.1 Estudos dos movimentos

O que é o movimento? O que é o repouso? Como podemos definir o movimento e como podemos medi-lo? De que forma podemos descrever a situação física da Figura 2.2, a seguir, na qual se encontram um homem e um animal? Ambos estão em movimento? De que modo? Essas questões inquietaram os filósofos pensadores desde a Grécia Antiga e nos intrigam ainda nos tempos atuais. Heráclito já dizia, no século VI a.C., que "Para os que entram nos mesmos rios, correm outras e novas águas". Essa afirmação concebe o mundo como algo em ininterrupta mudança ou, de outro modo, tudo está em movimento; as coisas não permanecem da forma como estão, mas se transformam pelo princípio da mudança.

Figura 2.2
O movimento

Freestyle images e OSTILL is Franck Camhi/Shutterstock

A tentativa de mensurar o movimento tem subsidiado a elaboração de conceitos relacionados ao movimento dos corpos. Para atribuirmos o conceito de movimento a um corpo, precisamos estabelecer uma referência e verificar se a distância em relação a ela se modifica. Portanto, só há sentido em afirmar que um corpo está ou não em movimento quando estabelecemos um referencial. Por exemplo, se estamos sentados numa carteira numa sala de aula, estamos em repouso em relação à sala, mas também estaremos em movimento se tomarmos como referência o Sol ou a Lua. De outro modo, podemos assumir que, se um corpo não altera sua posição em relação a um referencial, ele estará em repouso. Mas o que podemos afirmar acerca da posição de um corpo?

# Movimento

## 2.1.1 Posição e deslocamento

Um objeto se encontra localizado se sua posição for conhecida. A posição corresponde à medida em metros (ou outra unidade de comprimento) do local em que se encontra o objeto no eixo x. A Figura 2.3, a seguir, mostra um eixo x com diversas marcações em metros, cujos valores positivos encontram-se à direita do zero, e os valores negativos, à esquerda. Assim, se uma partícula (objeto pontual), ou objeto que se move como uma partícula[i] está na posição x = 3 m, significa que ele está a 3 m da origem no sentido positivo.

Figura 2.3
Reta numérica

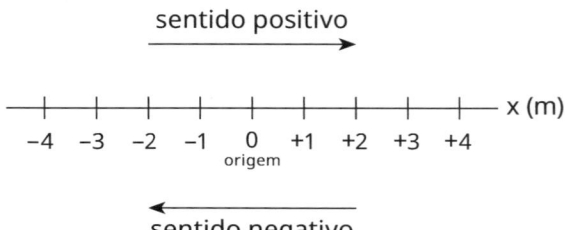

Quando um corpo muda de posição de $x_1 = 1$ m para uma posição $x_2 = 4$ m, podemos associar a essa mudança um vetor deslocamento, dado por:

$$\vec{\Delta x} = \vec{x}_2 - \vec{x}_1 \qquad \text{(Equação 2.1)}$$

Para o caso dos valores informados acima, o módulo do deslocamento é $\Delta x = 4 - 1 = 3$ m. Observe a Figura 2.4, a seguir.

Figura 2.4
Vetor deslocamento

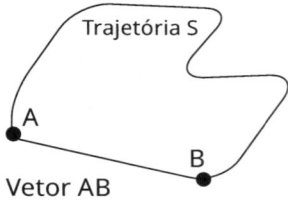

A medida da trajetória S (caminho percorrido) não corresponde ao módulo de vetor $\overrightarrow{AB}$ e, se os pontos A e B coincidirem, o vetor deslocamento será nulo.

> **Importante**
>
> **Vetor**
>
> O vetor é definido como um objeto matemático com intensidade, direção e sentido. A representação de um vetor pode ser feita por meio de um segmento de reta orientado, em que o comprimento é proporcional à intensidade do vetor; a direção e o sentido são dados pelo segmento de reta orientado:
>
>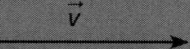
>
> O módulo do vetor $\vec{v}$ corresponde a sua intensidade.

---

i   Todas as partículas que compõem o objeto se movem na mesma direção e com a mesma velocidade.

## 2.2 Velocidade média

Quando uma partícula ou corpo (que se move como uma partícula) move-se de uma posição $x_1$ para uma posição $x_2$, num intervalo de tempo $\Delta t$, podemos calcular a velocidade média que o corpo desenvolveu. Assim, a velocidade média pode ser definida como o deslocamento pelo intervalo de tempo, ou seja:

$$v_m = \frac{\Delta \vec{x}}{\Delta t} \qquad \text{(Equação 2.2)}$$

Se considerarmos dado instante, quando $\Delta t$ tende a zero, teremos a **velocidade instantânea**, ou simplesmente a *velocidade*, do móvel num instante t. Nesse caso, a velocidade é a derivada do espaço em relação ao tempo, dado por:

$$\vec{v} = \frac{d\vec{x}}{dt} \qquad \text{(Equação 2.3)}$$

em que x é a função da posição em relação ao tempo t e $\vec{v}$ é o vetor velocidade tangente à trajetória, conforme indica a Figura 2.5.

Figura 2.5
Velocidade instantânea

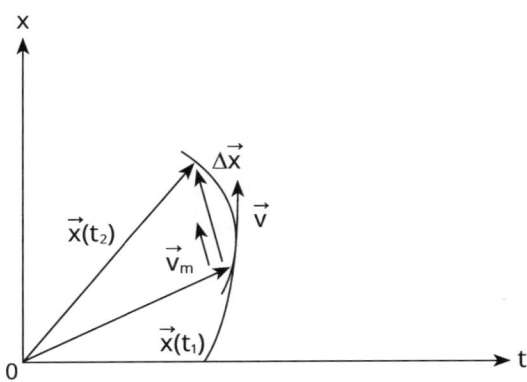

Exemplo 2.1

Um móvel desloca-se ao longo do eixo x, cuja função da posição em relação ao tempo é dada por $x(t) = 5t^2 - 2t + 15$, em que x é dado em metros e t, em segundos. Determine:

a. a velocidade média entre os instantes $t = 1$ s e $t = 3$ s;
b. as velocidades nesses instantes e a média dessas velocidades.

## Movimento

Solução:

Para calcularmos a velocidade média, devemos obter as posições para os respectivos tempos. Assim, para t = 1 s, temos $x_1(1) = 5 \cdot 1^2 - 2 \cdot 1 + 15 = 18$ m; para t = 3 s, teremos $x_2(3) = 5 \cdot 3^2 - 2 \cdot 3 + 15 = 54$ m; e $\Delta x = x_2 - x_1 = 54 - 18 = 36$ m e $\Delta t = 3 - 1 = 2$ s. Portanto, a velocidade média é $\vec{v}_m = \dfrac{\vec{\Delta x}}{\Delta t}$ ou, módulo, $\vec{v}_m = \dfrac{36}{2} = 18$ m/s.

A velocidade instantânea, ou simplesmente *velocidade*, é dada pela derivada da posição em relação ao tempo, para os tempos considerados. Logo, $v(t) = \dfrac{dy}{dx} = 10t - 2$. Para t = 1 s: $v(1) = 10 \cdot 1 - 2 = 10 - 2 = 8$ m/s; e, para t = 2 s, $v(2) = 10 \cdot 2 - 2 = 18$ m/s. A média das velocidades é dada por $M_v = \dfrac{v(1) + v(2)}{2} \rightarrow M_v = \dfrac{8 + 18}{2} = 13$ m/s. Note que a média das velocidades é diferente da velocidade média.

## 2.3 Velocidade escalar média ($S_{med}$)

A velocidade escalar média é a medida escalar da rapidez de móvel ou partícula. Corresponde, portanto, à razão entre distância total percorrida e intervalo de tempo gasto para percorrê-lo.

$$S_{med} = \dfrac{\text{distância total}}{\Delta t} \qquad \text{(Equação 2.4)}$$

> **Veja só**
>
> Carro que acelera mais rápido [...].
>
> Um pequeno carro elétrico construído por estudantes bateu o recorde mundial de aceleração. O veículo acelerou de 0 a 100 km/h em 1,785 segundo.
>
> Isso significa que o carro já estava a 100 km/h de velocidade depois de percorrer apenas 30 metros. Nenhum carro atualmente em produção no mundo consegue atingir uma aceleração similar.

Fonte: Inovação Tecnológica, 2014.

Esclarecemos que a velocidade média e a velocidade escalar média não têm a mesma definição. Este é um número positivo com a dimensão de velocidade; aquela é uma grandeza física com significado físico e interpretação vetorial, ou seja, com módulo, direção e sentido.

Exemplo 2.2

Um ônibus deve realizar um percurso de 350 km em três etapas. A primeira etapa corresponde a 110 km e é percorrida com velocidade média de 50 km/h; a segunda etapa, de 120 km, é percorrida com uma velocidade média de 60 km/h; finalmente, na última etapa, o ônibus desenvolve uma velocidade média de 75 km/h. Quais são a velocidade média e a velocidade escalar média do ônibus durante o percurso? Considerando que esse mesmo ônibus volte imediatamente ao local de origem da primeira etapa com as mesmas velocidades nos três trechos, quais serão a velocidade média e a velocidade escalar média?

Solução:

Para o cálculo da velocidade média, devemos obter o tempo total da viagem que corresponde à soma dos tempos de cada etapa. Assim, para a primeira etapa, o intervalo de tempo é $\Delta t_1 = \frac{\Delta x_1}{v_{m1}} = \frac{110}{50} = 2,2$ h; para a segunda etapa, $\Delta t_2 = \frac{\Delta x_2}{v_{m2}} = \frac{120}{60} = 2,0$ h; e, para a terceira etapa, $\Delta t_3 = \frac{\Delta x_3}{v_{m3}} = \frac{120}{75} = 1,6$ h. O tempo para percorrer os 350 km é a soma dos tempos parciais: $\Delta t = \Delta t_1 + \Delta t_2 + \Delta t_3 = 2,2 + 2,0 + 1,6 = 5,8$ h. A velocidade média é: $v_m = \frac{\Delta x}{\Delta t} = \frac{350 \text{ km}}{5,8 \text{ h}} = 60,34$ km/h.

Para o cálculo da velocidade escalar média ($S_{med}$), temos que $S_{med} = \frac{\text{distância total}}{\Delta t}$. Assim, $S_{med} = \frac{350 \text{ km}}{5,8 \text{ h}} = 60,34$ km/h.

Ao considerar que o ônibus retorna ao local de origem, o vetor deslocamento ($\Delta \vec{x}$) é nulo e o tempo total da viagem é $\Delta t = 2 \cdot 5,8$ h $= 11,6$ h. Assim, $v_m = \frac{\Delta x}{\Delta t} = \frac{0 \text{ km}}{11,6 \text{ h}}$. Já a velocidade escalar média será $S_{med} = \frac{\text{distância total}}{\Delta t} = \frac{750 \text{ km}}{11,6 \text{ h}} = 60,34$ km/h.

## 2.4 Aceleração média e aceleração instantânea

A velocidade de uma partícula, ou de um corpo que se move como uma partícula, pode variar em função do tempo. Ao considerarmos um intervalo de tempo $\Delta t$, podemos calcular sua aceleração média, dada por:

$$\vec{a}_m = \frac{\Delta \vec{v}}{\Delta t} \qquad \text{(Equação 2.5)}$$

em que $\Delta t = t_2 - t_1$ e $\Delta \vec{v} = \vec{v}_2 - \vec{v}_1$.

Se o intervalo de tempo tende a zero, temos a **aceleração instantânea** ou simplesmente *aceleração*, que corresponde à derivada da velocidade em função do tempo:

$$\vec{a} = \frac{d\vec{v}}{dt} \qquad \text{(Equação 2.6)}$$

# Movimento

Esse vetor é tangente à curva da velocidade em função do tempo e seu módulo representa a taxa de variação da velocidade em função do tempo.

### Exemplo 2.3

Um objeto que se move como uma partícula ao longo do eixo x descreve um movimento dado por $x(t) = 5 - 21t + 7t^3$, em que x é dado em metros e t, em segundos. Determine:

a. a função da velocidade v(t) e a função da aceleração a(t) do objeto;
b. a posição, a velocidade e a aceleração do objeto quando t = 1 s e t = 2 s;
c. a velocidade média e a aceleração média do objeto entre os tempos de 1 s e 2 s;
d. o(s) instante(s) em que o objeto para;
e. a descrição do movimento *para* t ≥ 0 s.

### Solução:

Para obtermos as funções da velocidade e da aceleração, são necessários os cálculos das derivadas, ou seja, $v = \frac{dx}{dt}$ e $a = \frac{dv}{dt}$. Assim, $v = -21 + 21t^2$ e $a = 42t$. As posições, velocidades e acelerações nos instantes t = 1 s e t = 2 s serão:

$x(1) = 5 - 21 \cdot 1 + 7 \cdot 1^3 = 5 - 21 + 7 = -9$ m  e  $x(2) = 5 - 21 \cdot 2 + 7 \cdot 2^3 = 5 - 42 + 56 = 19$ m;

$v(1) = -21 + 21 \cdot 1^2 = -21 + 21 = 0$  e  $v(2) = -21 + 21 \cdot 2^2 = -12 + 42 = 21$ m/s;

$a(1) = 42 \cdot 1 = 42$ m/s$^2$  e  $a(2) = 42 \cdot 2 = 84$ m/s$^2$

Para os cálculos da velocidade média e da aceleração média, é preciso obter os vetores $\vec{\Delta x}$ e $\vec{\Delta v}$, que têm a direção do eixo x. Assim,

$\Delta x = x(2) - x(1) = 19 - (-9) = 28$ m   e   $v_m = \frac{\Delta x}{\Delta t} = \frac{28}{1} = 28$ m/s;

$\Delta v = v(2) - v(1) = 21 - 0 = 21$ m/s   e   $a_m = \frac{\Delta x}{\Delta t} = \frac{21}{1} = 21$ m/s$^2$.

O objeto para quando v = 0, ou seja, $v = -21 + 21t^2 = 0$. Portanto, t = 1 s.

A descrição do movimento é realizada para t = 0 (início do movimento), entre 0 < t < 1 s e depois de t = 1 s.

Em t = 0 s, o objeto se encontra na posição x(0) = 5 m e move-se com velocidade v(0) = –21 m/s na direção negativa do eixo x. Nesse instante (t = 0), a aceleração é nula, pois a velocidade do objeto é constante.

Para 0 < t < 1 s, o objeto ainda se move no sentido negativo do eixo x porque sua velocidade, nesse intervalo de tempo, é negativa. Contudo, sua aceleração, que não é nula, aumenta e têm valores positivos. Portanto, durante esse intervalo, a velocidade e a aceleração apresentam sinais contrários, e isso faz diminuir o módulo da velocidade.

Em t = 1 s, o objeto para, e sua posição corresponde ao valor mínimo de x, que é x(1) = −9 m. Como a aceleração é positiva, o objeto passará a se mover no sentido positivo do eixo x.

Finalmente, para t > 1 s, o objeto se move no sentido positivo do eixo x; logo, com velocidade positiva e crescente. A aceleração, para t > 1 s, também é positiva e crescente.

No Gráfico 2.1, a seguir, mostramos a curva que representa o movimento do objeto do exemplo dado, num intervalo de 0 a 2 segundos no eixo dos tempos. No gráfico, o objeto se encontra na posição 5 m quando t = 0 s e desloca-se no sentido negativo do eixo x no intervalo 0 < t < 2s. Nesse intervalo, quando t = 1 s, o objeto atinge a posição mais negativa, x = −9 m, para e passa a se mover no sentido positivo do eixo.

Gráfico 2.1
Posição x em função do tempo t

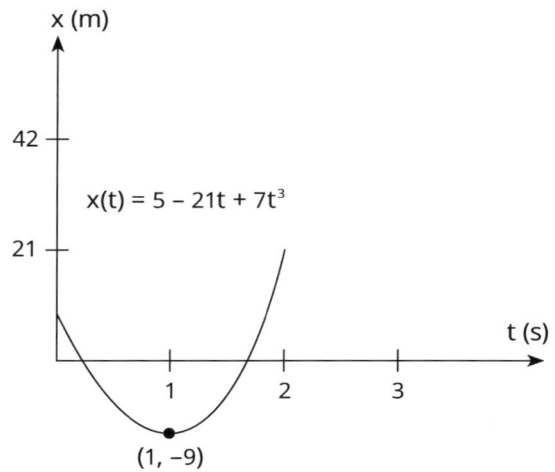

O Gráfico 2.2 – velocidade em função do tempo (v = −21 + 21 · t²) – é uma parábola com a concavidade voltada para cima. Na descrição do movimento, o intervalo de tempo considerado é de 0 a 2 segundos e, em t = 0, o objeto tem velocidade negativa, deslocando-se, então, no sentido negativo do eixo x. Entre os instantes 0 e 1 segundo, a velocidade é negativa e diminui em módulo até se anular em t = 1 s; após esse instante, a velocidade do objeto é positiva e crescente.

# Movimento

Gráfico 2.2
Velocidade v em função do tempo t

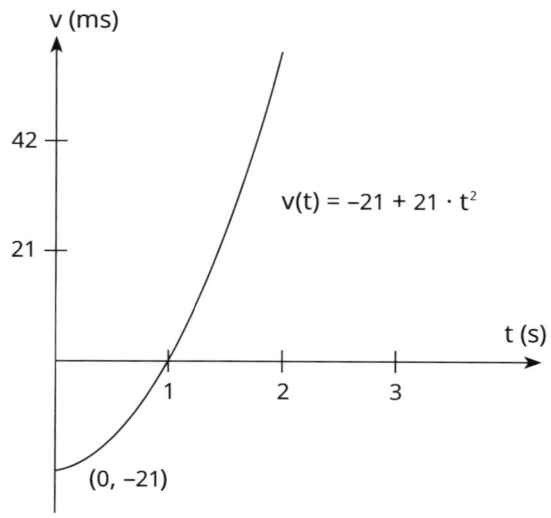

A aceleração do objeto, embora seja nula no instante t = 0, é positiva e crescente após esse instante. No Gráfico 2.3, a seguir, demonstramos o comportamento da aceleração do objeto, que é sempre positivo e crescente para t > 0 s. No instante t = 0 s, a aceleração é nula, pois a velocidade não varia.

Gráfico 2.3
Aceleração a em função do tempo t

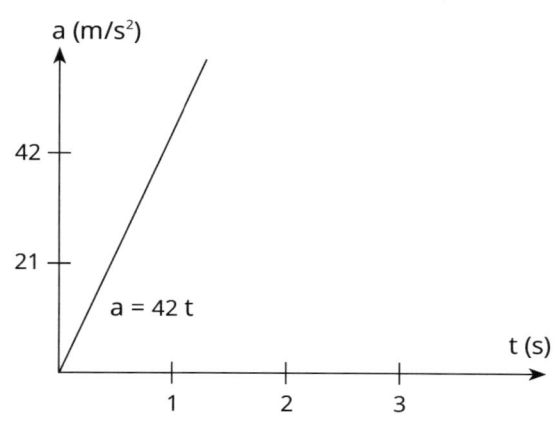

## 2.5 Aceleração constante

A aceleração é considerada constante quando **não varia em módulo**, podendo, inclusive, ser nula. Caso seja constante e diferente de zero, a velocidade varia linearmente com o tempo, e seu gráfico corresponde a uma função de 1º grau. No entanto, se a aceleração é nula, a velocidade não varia e sua função é constante, ou seja, corresponde a uma reta horizontal.

Quando a velocidade é constante, o módulo da velocidade v é igual ao módulo da velocidade média do corpo ou da partícula em movimento em qualquer intervalo de tempo. Desse modo, considerando a definição de velocidade média:

$$V_m = \frac{\Delta x}{\Delta t} \qquad \text{(Equação 2.2)}$$

em que $\Delta x = x - x_0$, $\Delta t = t_0$ e $v_m = v$, podemos escrever a seguinte função:

$$x = x_0 + v(t - t_0) \qquad \text{(Equação 2.7)}$$

Essa expressão é função da posição do movimento do objeto ou da partícula em qualquer instante t numa trajetória descrita sobre o eixo x. Esse tipo de movimento é denominado *movimento retilíneo uniforme* (MRU) quando $t_0 = 0$ e tem a seguinte função horária:

$$x = x_0 + vt \qquad \text{(Equação 2.8)}$$

O gráfico dessa função é uma reta, cujo coeficiente angular corresponde à velocidade v, conforme ilustra o Gráfico 2.4, a seguir.

Gráfico 2.4
Posição x em função do tempo t

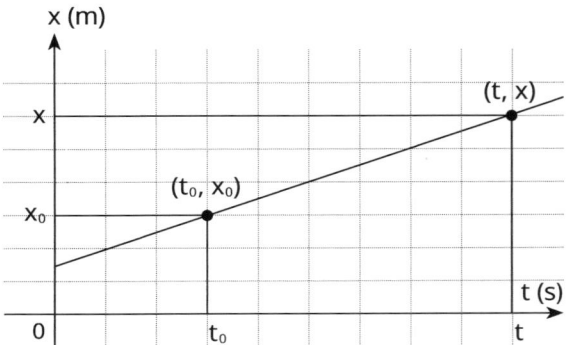

Gráfico 2.5
Velocidade v em função do tempo t

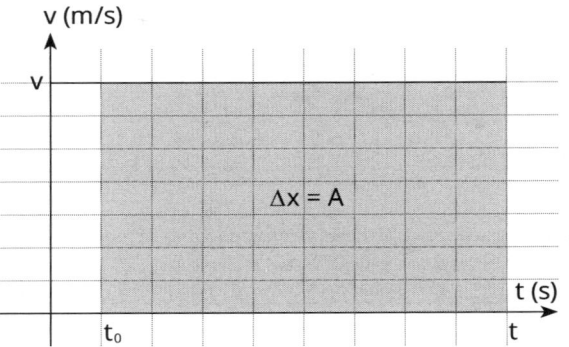

Portanto, com base nesse gráfico, podemos obter o coeficiente angular m da reta dada por

$$m = \frac{x - x_0}{t - t_0} \qquad \text{(Equação 2.9)}$$

e esse coeficiente angular, em módulo, é igual à velocidade v, ou seja,

$$v = \frac{x - x_0}{t - t_0} \qquad \text{(Equação 2.10)}$$

Se o objeto se desloca no sentido positivo do eixo x, a velocidade é positiva e o coeficiente angular m está compreendido entre as inclinações 0° e 90°. Mas, se o objeto se desloca no sentido negativo do eixo, a velocidade é negativa e o coeficiente angular da reta está compreendido entre as inclinações 90° e 180°.

O gráfico da velocidade em relação ao tempo é uma reta horizontal, podendo ser representada acima ou abaixo do eixo dos tempos, conforme mostra o Gráfico 2.5, a seguir, para uma velocidade v > 0.

No gráfico da velocidade em função do tempo, a área sob a curva é numericamente igual ao deslocamento do objeto no intervalo de tempo considerado, ou seja, $\Delta x = A$, sendo esta a área sob a curva indicada, conforme mostra o Gráfico 2.5.

Ao considerarmos a aceleração constante e diferente de zero, a velocidade varia de forma linear em relação ao tempo, e a aceleração média e a aceleração instantânea são iguais:

$$a_m = a = \frac{v - v_0}{t - t_0} \qquad \text{(Equação 2.11)}$$

Assim, para $t_0 = 0$, podemos escrever a expressão da seguinte forma:

$$v = v_0 + at \qquad \text{(Equação 2.12)}$$

cujo gráfico de v *versus* t é mostrado no Gráfico 2.6. Já a função da posição em relação ao tempo (Gráfico 2.7) não é uma reta, visto que a velocidade varia em relação ao tempo – função da posição. Esse gráfico é uma parábola, pois a função dada é de 2º grau.

## Movimento

Gráfico 2.6
Função da velocidade

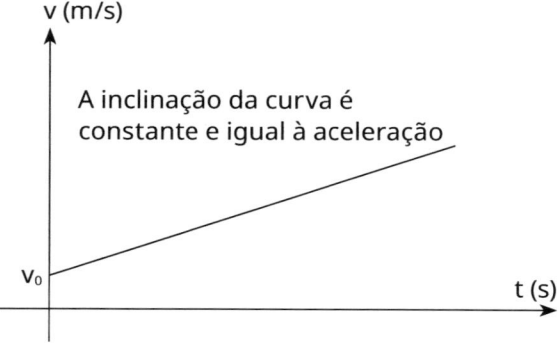

Gráfico 2.7
Função da posição

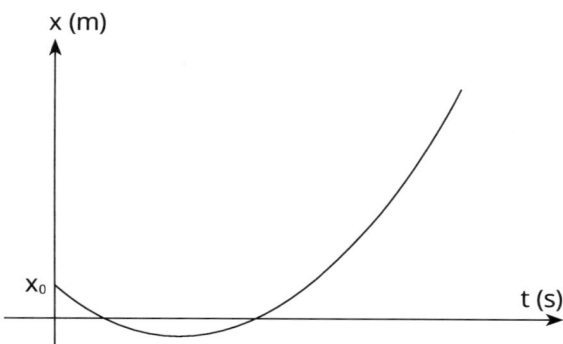

Com base na definição da velocidade média $v_m = \left(\dfrac{x - x_0}{t - t_0}\right)$, podemos escrever a função da posição em relação ao tempo da seguinte forma:

$$x = x_0 + v_m t, \text{ se } t_0 = 0 \qquad \text{(Equação 2.13)}$$

De outro modo, a velocidade média ($v_m$) é a média aritmética das velocidades no tempo $t = 0$ ($v_0$) e num tempo $t(v)$, conforme podemos inferir do Gráfico 2.8, mostrado a seguir. Assim, os triângulos formados pelos pontos $(0, v_0)$, $(t/2, v_0)$ e $(t/2, v_m)$ bem como $(0, v_0)$, $(t, v_0)$ e $(t, v)$ resultam em dois triângulos com lados proporcionais, ou seja, são semelhantes. Assim, a relação entre esses triângulos é

$\dfrac{v - v_0}{t} = \dfrac{v_m - v_0}{t/2}$; isolando $v_m$, encontramos a expressão:

$$V_m = \dfrac{v + v_0}{2} \qquad \text{(Equação 2.14)}$$

Gráfico 2.8
Velocidade v em função do tempo t

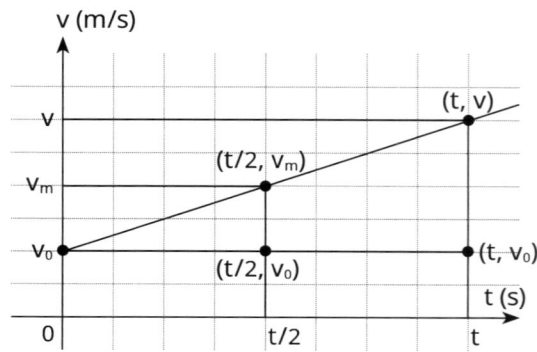

Substituindo v da Equação 2.12 na Equação 2.14, obtemos

$$V_m = v_0 + \dfrac{1}{2} at \qquad \text{(Equação 2.15)}$$

Substituindo esse resultado de $v_m$ na Equação 2.13, temos,

$$x = x_0 + v_0 t + \dfrac{1}{2} at^2 \qquad \text{(Equação 2.16)}$$

As Equações 2.12 e 2.16 são importantes para a resolução de problemas que envolvem v, $v_0$, a, t e $x - x_0$, porém, em cada equação, só aparecem quatro das cinco informações relacionadas. Além dessas, obtemos mais três equações que podem ser utilizadas nas resoluções de problemas de cinemática.

Portanto, isolando o tempo da Equação 2.12 e substituindo esse resultado na Equação 2.16, teremos outro resultado que não envolve o tempo:

$$v^2 = v_0^2 + 2a(x - x_0) \qquad \text{(Equação 2.17)}$$

Da mesma forma, se a aceleração for isolada na Equação 2.12 e substituída na Equação 2.16, obtemos o seguinte:

$$x - x_0 = \frac{t}{2}(v + v_0) \qquad \text{(Equação 2.18)}$$

Finalmente, se isolarmos a velocidade $v_0$ na Equação 2.12 e substituirmos esse valor na Equação 2.16, obteremos outro resultado que não envolve a velocidade inicial $v_0$:

$$x - x_0 = vt - \frac{1}{2}at^2 \qquad \text{(Equação 2.19)}$$

Observe que a Equação 2.19 difere da 2.16 pelo termo *vt* e pelo sinal de menos. O Quadro 2.1, a seguir, relaciona as equações com as respectivas grandezas ($x$, $x_0$, $v$, $v_0$, $a$ e $t$), que são utilizadas na resolução de problemas de movimento quando a aceleração é constante e igual a zero.

Quadro 2.1
Equações do movimento com aceleração constante

| N° | Equação |
| --- | --- |
| 2.8 | $x = x_0 + vt$ |
| 2.12 | $v = v_0 + at$ |
| 2.16 | $x = x_0 + v_0 t \frac{1}{2} at^2$ |
| 2.17 | $v^2 = v_0^2 + 2a(x - x_0)$ |
| 2.18 | $x - x_0 = \frac{t}{2}(v + v_0)$ |
| 2.19 | $x - x_0 = vt - \frac{1}{2}at^2$ |

Exemplo 2.4

Um carro encontra-se a 36 km/h, quando passa a trafegar numa autopista retilínea. A partir desse instante, o motorista acelera o carro de modo que sua velocidade aumenta em 7,2 km/h a cada segundo. Determine:

a. a aceleração do carro;
b. a função da velocidade em relação ao tempo;
c. a velocidade do carro depois de 5 s;
d. o gráfico da velocidade *versus* tempo – v = f(t);
e. com base no gráfico, o deslocamento realizado pelo carro depois de decorridos os 5 s.

# Movimento

Solução:

Temos a informação de que, a cada segundo, o carro aumenta sua velocidade em 7,2 km/h. Esse dado corresponde à aceleração constante do carro, mas a unidade empregada não se encontra no SI, que registra m/s². Precisamos, então, transformar a unidade km/h em m/s². Desse modo: $a = 7,2 \frac{km}{h} \cdot \frac{1}{s} \cdot \frac{1000\,m}{1\,km} \cdot \frac{1\,h}{3600\,s} = 2\,m/s^2$.

A função da velocidade em relação ao tempo é dada pela equação $v = v_0 + at$, em que $v_0$ é a velocidade inicial do carro em m/s e a é aceleração em m/s². Assim, devemos transformar a velocidade de km/h para m/s: para isso, basta fazer a divisão por 3,6: $36 \frac{km}{h} \cdot \frac{1000\,m}{1\,km} \cdot \frac{1\,h}{3600\,s} = \frac{36}{3,6} \cdot \frac{m}{s} = 10\,m/s$. Portanto, a função da velocidade será: $v = 10 + 2t$.

A velocidade do carro no instante 5 s será obtida ao aplicarmos t = 5 s na equação da velocidade. Assim, $v = 10 + 2 \cdot 5 = 10 + 10 = 20$ m/s ou 72 km/h.

O gráfico da velocidade *versus* tempo (Gráfico 2.9) é uma função linear, ou seja, uma função de 1º grau, em que os coeficientes linear e angular são, respectivamente, a velocidade inicial $v_0 = 10$ m/s e a aceleração a = 2 m/s².

Gráfico 2.9
Velocidade *versus* tempo

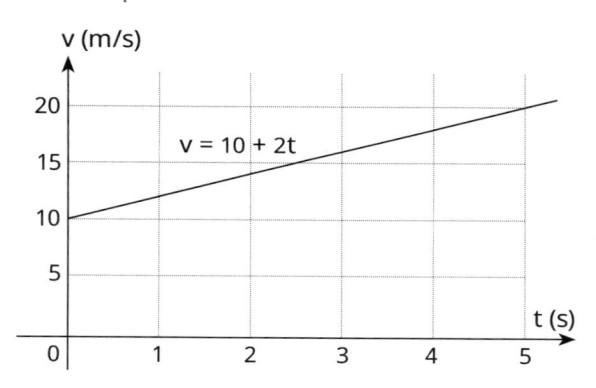

O deslocamento do carro durante os 5 s pode ser obtido considerando-se a área sob a curva v × t, cujo significado físico é o deslocamento no intervalo buscado, ou seja, a área corresponde à figura de um trapézio, conforme mostra o Gráfico 2.10, a seguir.

Gráfico 2.10
Velocidade *versus* tempo

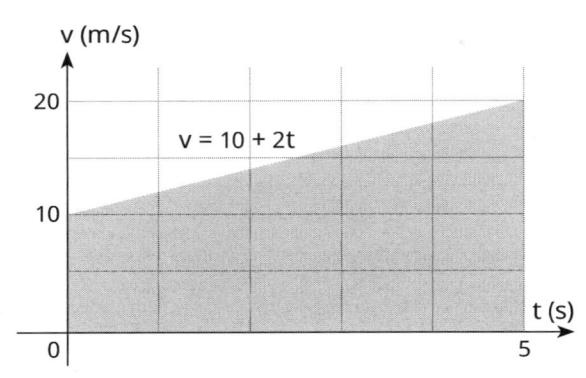

Nesse caso, a área é: $A = \frac{(10 + 20) \cdot 5}{2} = 75$ u.a[ii]. Assim, $\Delta x = 75$ m.

### Exemplo 2.5

O Gráfico 2.11, a seguir, corresponde ao movimento de uma motocicleta que trafega num trecho reto de uma rodovia. Determine a aceleração, a função da velocidade em relação ao tempo e o deslocamento da motocicleta para t = 4,5 s.

Gráfico 2.11
Velocidade *versus* tempo

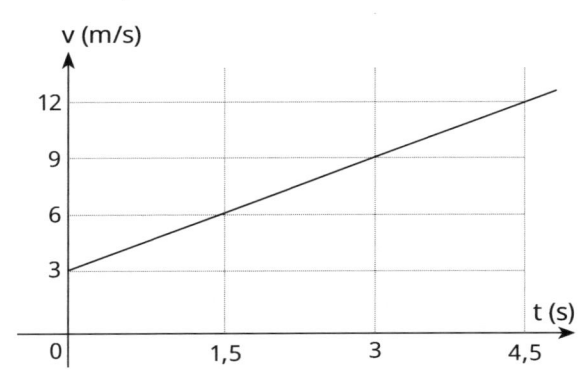

### Solução:

A aceleração da motocicleta corresponde ao coeficiente angular da reta e é dado por $a = \frac{v - v_0}{\Delta t} = \frac{12 - 3}{4,5} = 2$ m/s². A função da velocidade é dada pela expressão $v = v_0 + at$, em que $v_0$ é a velocidade inicial e a é a aceleração. Assim, com base no gráfico, obtemos: $v = 3 + 2t$. O deslocamento da motocicleta durante o intervalo de tempo 4,5 s é a área sob a curva, conforme mostrado no Gráfico 2.12.

----
ii  Unidades de área.

Gráfico 2.12
Velocidade *versus* tempo

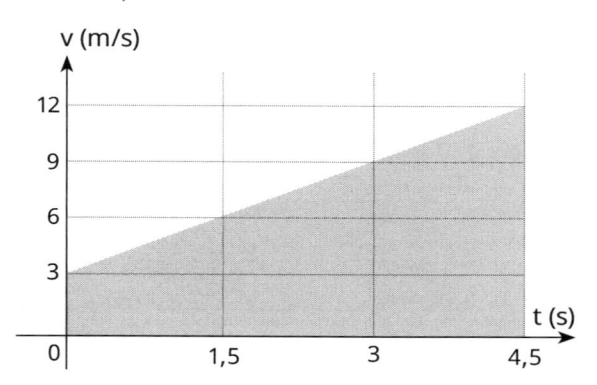

Assim, a área será: $A = \frac{(12+3) \cdot 4,5}{2} = \frac{15 \cdot 4,5}{2} = 33,75$ u.a. Logo, o deslocamento é $\Delta x = 33,75$ m.

### Exemplo 2.6

A função da posição de um objeto em movimento retilíneo é determinada por $x = 5 + 2t + 2t^2$, sendo x dado em metros e o tempo t, em segundos. Determine:

a. a posição inicial ($x_0$), a velocidade inicial ($v_0$) e a aceleração do objeto;
b. a função da velocidade em relação ao tempo;
c. o gráfico da posição em relação ao tempo;
d. o gráfico da velocidade em relação ao tempo;
e. o gráfico da aceleração em relação ao tempo.

### Solução:

A posição inicial, a velocidade inicial e a aceleração são obtidas diretamente da equação. Assim, $x_0 = 5$ m; $v_0 = 2$ m/s e $a = 4$ m/s². A função da velocidade em relação ao tempo será: $v = 2 + 4t$. O gráfico da posição é função do segundo grau com a concavidade voltada para cima ($f(x) = ax^2 + bx + c$), conforme mostra o Gráfico 2.13, a seguir. Para a construção do gráfico, elaboramos uma tabela com os valores de t e os respectivos valores de x:

Tabela 2.1
Valores de t e x

| t (s) | 0 | 1,0 | 2,0 | 3,0 | 4,0 | 5,0 |
|---|---|---|---|---|---|---|
| x (m) | 5 | 9 | 17 | 29 | 45 | 65 |

Com base nos valores obtidos, marcamos os pontos coordenados no gráfico e traçamos a curva.

Gráfico 2.13
Posição *versus* tempo

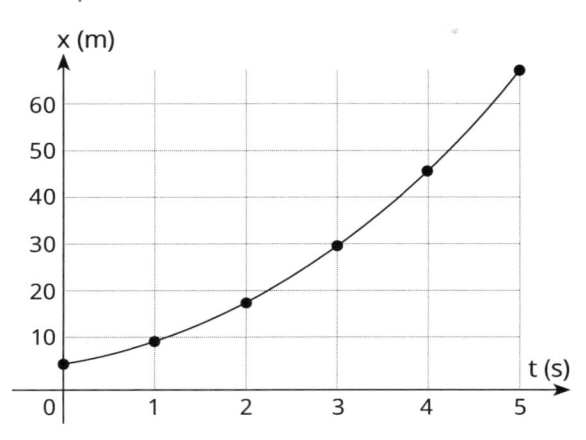

O gráfico da velocidade é construído com base na função da velocidade obtida no item **b**, é dado por: v = 2 + 4t e corresponde a uma função do 1° grau (Gráfico 2.14). Assim, o coeficiente linear da função é 2 e o coeficiente angular é 4 e a reta é dada por: y = ax + b. A construção do gráfico pode ser realizada com base nos pontos ao atribuirmos valores para t e os correspondentes valores de v, conforme a Tabela 2.2:

Tabela 2.2
Valores de t e v

| t (s) | 0 | 1 | 2 | 3 | 4 | 5 |
|---|---|---|---|---|---|---|
| v (m/s) | 2 | 6 | 10 | 14 | 18 | 22 |

Gráfico 2.14
Posição *versus* tempo

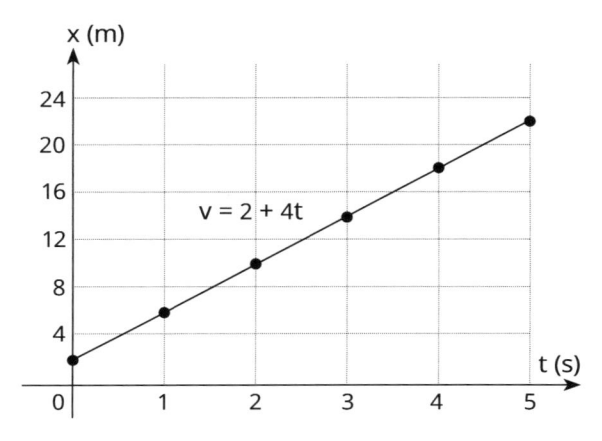

# Movimento

O gráfico da aceleração é uma reta horizontal, pois a aceleração é constante. Assim, não é necessário construir uma tabela, pois a = 4 m/s, conforme mostra o Gráfico 2.15, a seguir.

Gráfico 2.15
Aceleração *versus* tempo

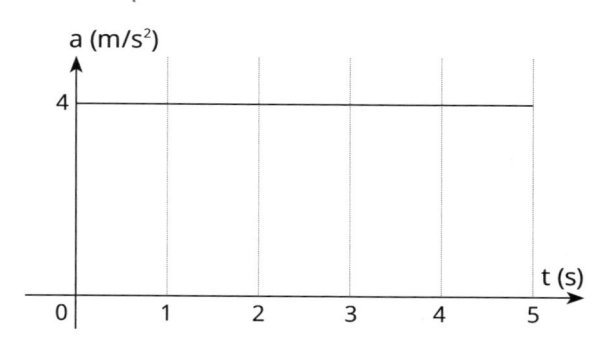

### Exemplo 2.7

Um automóvel encontra-se parado num semáforo e, quando a luz verde acende, adquire uma aceleração de 1,5 m/s². Determine a velocidade do automóvel após ter percorrido 150 m.

Solução:

Para o cálculo da velocidade após ter percorrido 150 m e sem a informação do intervalo de tempo gasto para completar essa distância, temos de utilizar a Equação 2.17. Assim, v0 = 0 e Δx = 150. Substituindo esses valores na equação v2 = v20 + 2a (x − x0), temos: v2 = 02 + 2 · 1,5 · 75 = 225 → v2 = 225 → v = $\sqrt{225}$ = 15 m/s.

### Exemplo 2.8

Um ônibus coletivo encontra-se em certa velocidade quando um passageiro no ponto dá sinal para que ele pare. Nesse instante, o motorista freia o ônibus com aceleração constante, em um percurso de 40 m, e leva 4 s para parar. Determine:

a. a velocidade média do ônibus;
b. a velocidade no início da frenagem;
c. a aceleração necessária para parar o ônibus.

Solução:

Para o cálculo da velocidade média, utilizamos a equação $v_m = \dfrac{\Delta x}{\Delta t}$, em que $\Delta x$ é o deslocamento, e $\Delta t$ é o intervalo de tempo considerado. Assim, $v_m = \dfrac{40}{4} = 10$ m/s. Para o movimento com aceleração constante, a velocidade média é obtida pela média aritmética das velocidades, ou seja, $v_m = \dfrac{v + v_0}{2}$. Portanto, $10 = \dfrac{0 + v_0}{2} \to v_0 = 20$ m/s.

A aceleração do ônibus é calculada pela equação $a = \dfrac{v - v_0}{t - t_0}$, em que $t_0 = 0$. Logo, $a = \dfrac{0 - 20}{4 - 0} = -5$ m/s².

## 2.6 Aceleração em queda livre

Um corpo em queda livre fica sujeito à aceleração da gravidade, que, nas proximidades da superfície da Terra, é g = 9,8 m/s², sendo este o módulo da aceleração. Assim, quando um corpo está em queda livre, a aceleração que aparece nas equações deve ser substituída pela aceleração da gravidade.

### Exemplo 2.9

Um objeto pequeno é abandonado de uma altura de 22,5 m. Desprezando a resistência do ar e considerando g = 9,8 m/s², determine:

a. a função da posição em relação ao tempo;
b. o gráfico da posição em relação ao tempo;
c. a função da velocidade em relação ao tempo;
d. o gráfico da velocidade em relação ao tempo;
e. o instante em que o objeto atinge o solo;
f. a velocidade com que o objeto atinge o solo.

Solução:

Para obtermos a função da posição em relação ao tempo, consideraremos como referência o solo e indicaremos os valores de $y_0$ e de $v_0$, conforme o Gráfico 2.16.

## Movimento

Gráfico 2.16
Sistema de referência y

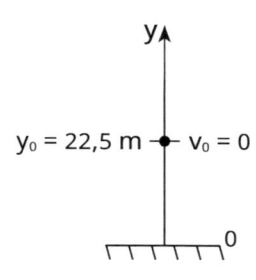

$$y_0 = 22{,}5\ m \quad v_0 = 0$$

Assim, a função da posição é dada por: $y = 22{,}5 - 4{,}9t^2$.

Para construirmos o gráfico da posição em relação ao tempo, devemos substituir os valores de t na função da posição e calcular os respectivos valores de y, conforme a Tabela 2.3. Ao plotar os pontos coordenados no gráfico, podemos traçar a curva que representa a função da posição (Gráfico 2.17).

Tabela 2.3
Valores de t e y

| t (s) | 0 | 0,5 | 1 | 1,5 | 2,0 |
|---|---|---|---|---|---|
| y (m) | 22,50 | 21,30 | 17,60 | 11,50 | 2,90 |

Gráfico 2.17
Velocidade *versus* tempo

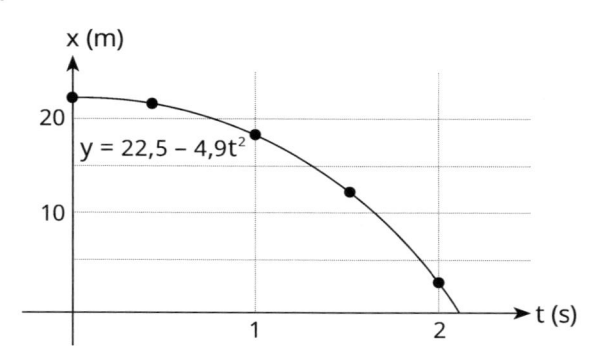

A função da velocidade em relação ao tempo é dada por: $v = v_0 - gt$, cujos valores substituídos resultam em: $v = -9{,}8t$.

O gráfico da função é uma função de 1º grau com coeficiente linear nulo e coeficiente angular negativo e igual, em módulo, à aceleração da gravidade (9,8 m/s²). O Gráfico 2.18 é baseado na Tabela 2.4, na qual são calculados os valores de v com base nos valores de t.

Tabela 2.4
Valores de t e v

| t (s)   | 0 | 0,50  | 1     | 1,5    | 2,0    |
|---------|---|-------|-------|--------|--------|
| v (m/s) | 0 | -4,90 | -9,80 | -14,70 | -19,60 |

Gráfico 2.18
Velocidade *versus* tempo

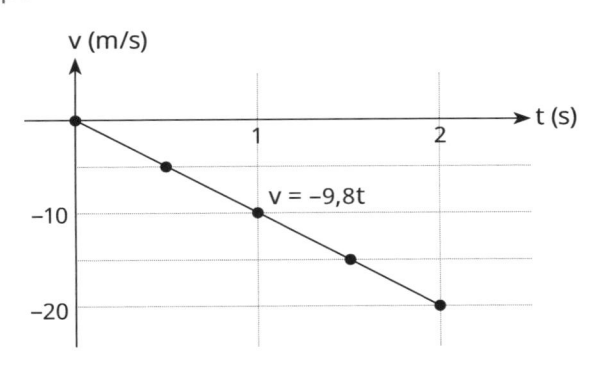

O objeto atinge o solo quando y = 0. Assim, tomando a função da posição $y = 22,5 - 4,9t^2$ e igualando-a a zero, temos: $0 = 22,5 - 4,9t^2 \rightarrow t = \sqrt{\dfrac{22,5}{4,9}} \approx 2,1$ s.

A velocidade com que o objeto atinge o solo é dada pela equação v = -9,8t, em que $t = \sqrt{\dfrac{22,5}{4,9}}$ s. Ao aplicarmos o valor exato do tempo, encontramos uma velocidade de 21 m/s.

### Veja só

#### A física de um chute violento no futebol

Em 25 de novembro de 2006, o lateral esquerdo brasileiro Ronny de Araújo, do Sporting de Lisboa, num jogo contra o Naval, pelo campeonato português, deu um chute a 222 km/h.

Em 31 de março de 2009, o albanês Prill Budalla, jogador do Vegalta Sendai do Japão, num jogo contra o Kashima Antlers F.C., deu o chute mais forte já registrado: 232,431 km/h.

Só para constar, Roberto Carlos, o mais recente dos conhecidos chutadores violentos, dava aquelas suas pauladas a mais ou menos 130 km/h.

Os chutes de Alemão, por exemplo, nunca foram medidos, dada à época em que ele praticou o esporte (início dos anos 1960). [...] mas, a se julgar pelos depoimentos e testemunhos de quem o viu jogar, em comparação com os recordes acima citados, o seu chute deveria exceder facilmente os 300 km/h. [...]

Fonte: Medeiros, 2011.

## 2.7 Lançamento oblíquo

Um movimento comum de um corpo se dá quando é lançado livremente no ar com uma velocidade inicial $v_0$. Também, nesse caso, a aceleração que atua sobre o corpo é a da gravidade, a qual, dependendo da altitude, pode ser considerada constante.

Considere um corpo que se move como uma partícula, ao ser lançado com uma velocidade $\vec{v}_0$, formando um ângulo $\theta$ com a horizontal. Essa velocidade inicial pode ser escrita por meio de suas componentes $v_{0x}$ e $v_{0y}$ (veja a seção "Importante – Componentes de um vetor"), ou seja:

$v_{0x} = v_0 \cos \theta$ (Equação 2.20)

$v_{0y} = v_0 \operatorname{sen} \theta$ (Equação 2.21)

Porém, os vetores velocidade $\vec{v}$ e posição $\vec{r}(x, y)$ num instante t variam e o vetor aceleração sempre é dirigido para baixo, sendo constante nas proximidades da Terra.

Na Gráfico 2.19, um corpo é lançado obliquamente com uma velocidade inicial $v_0$, formando um ângulo $\theta$ com o eixo x. A trajetória descrita pelo corpo é uma parábola, pois o movimento é determinado pela ação da gravidade, que produz aceleração vertical com sentido contrário ao do eixo y, logo para baixo. Ao realizar esse movimento, o corpo atinge uma altura máxima ($y_{máx.}$) quando a velocidade $v_y$ é nula e o alcance é atingido quando o corpo chega ao solo.

Gráfico 2.19
Lançamento oblíquo

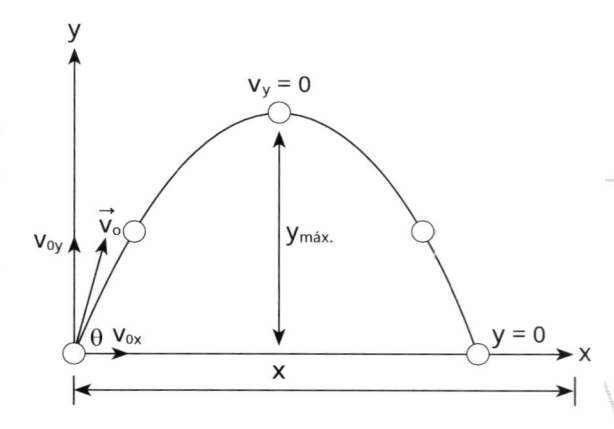

O movimento descrito no Gráfico 2.19 pode ser analisado pela composição de dois movimentos independentes: um horizontal e outro vertical, conforme ilustra o Gráfico 2.20. O movimento horizontal não está sujeito à aceleração da gravidade, portanto pode-se considerar a aceleração nula; já o movimento na direção vertical corresponde ao de lançamento vertical e de queda livre com aceleração constante, quando a aceleração da gravidade tem módulo 9,8 m/s² e está dirigida para baixo.

Atente para o fato de que, no Gráfico 2.20, para cada posição do corpo, há duas posições correspondentes nas direções horizontal e vertical. Note também que, na direção vertical, ocorre o movimento de subida (lançamento vertical) antes de a altura máxima ser atingida; depois, há o movimento de descida do corpo (queda livre).

Gráfico 2.20
Composição de movimento

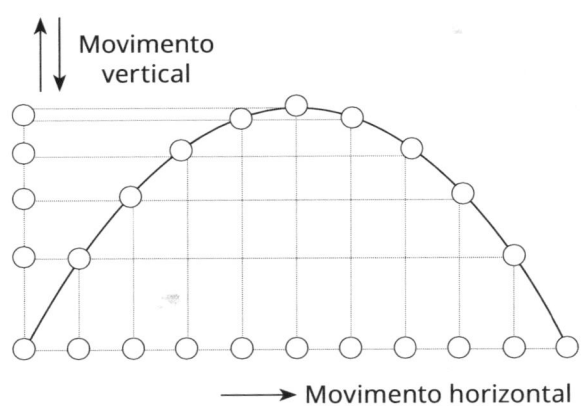

## Importante

### Componentes de um vetor

Um vetor $\vec{v}$ pode ser decomposto em componentes ortogonais $v_x$ e $v_y$, conforme ilustra o Gráfico 2.21, a seguir. Os componentes podem ser obtidos empregando-se o seno e o cosseno, ou seja, $\cos\theta = \dfrac{v_x}{|\vec{v}|} \to |v_x| = \vec{v}\cos\theta$ e $\sen\theta = \dfrac{v_y}{|\vec{v}|} \to v_y = |\vec{v}|\sen\theta$.

Gráfico 2.21
Componentes de vetor velocidade

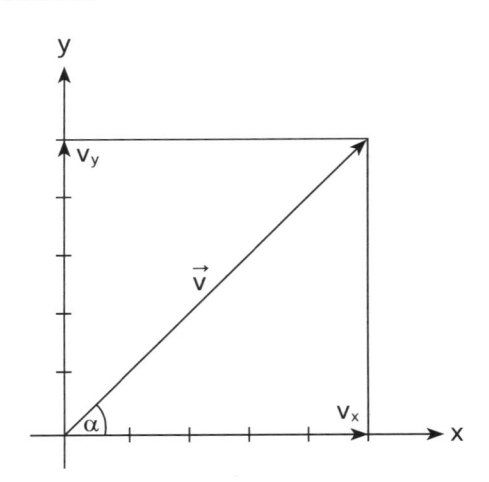

# Movimento

## Movimento horizontal

Na direção horizontal, não há aceleração a atuar sobre o corpo; portanto, a descrição do movimento é dada pela Equação 2.16 com a = 0. Assim:

$$x - x_0 = v_{0x}t \quad \text{ou} \quad x - x_0 = v_0 \cos\theta t \qquad \text{(Equação 2.22)}$$

## Movimento vertical

O movimento na direção vertical pode ser analisado segundo as equações do movimento de queda livre, quando a aceleração é constante e dirigida para baixo. Então, considerando que a velocidade inicial do movimento é $v_{oy} = v_0 \operatorname{sen}\theta$, as equações desse movimento são dadas por:

$$y - y_0 = v_0 \operatorname{sen}\theta t \frac{1}{2} gt^2 \qquad \text{(Equação 2.23)}$$

$$v_y = v_0 \operatorname{sen}\theta - gt \qquad \text{(Equação 2.24)}$$

$$(v_y)^2 = (v_0 \operatorname{sen})^2 - 2g(y - y_0) \qquad \text{(Equação 2.25)}$$

## Altura máxima

A altura máxima é atingida quando a $v_y = 0$. Aplicando isso na equação $(v_y)^2 = (v_0 \operatorname{sen}\theta)^2 - 2g(y - y_0)$, com $y_0 = 0$, temos:

$$0 = (v_0 \operatorname{sen}\theta)^2 - 2gy_{\text{máx.}} \rightarrow y_{\text{máx.}} = \frac{(v_0 \operatorname{sen}\theta)^2}{2g} \qquad \text{(Equação 2.26)}$$

## Equação da trajetória

Para analisar a trajetória do corpo ao ser lançado, consideramos que este parte da origem do sistema de referência, conforme mostra o Gráfico 2.19. Assim, isolando o tempo da Equação 2.22, temos que:

$$t = \frac{x}{v_0 \cos\theta} \qquad \text{(Equação 2.27)}$$

Substituindo esse resultado na Equação 2.23, obtemos:

$$y = x\operatorname{tg}\theta - \frac{gx^2}{2(v_0 \cos\theta)^2} \qquad \text{(Equação 2.28)}$$

Essa equação representa a trajetória do corpo quando é lançando com uma velocidade inicial $v_0$, formando um ângulo θ com o eixo x. Como θ, $v_0$ e g são constantes. A Equação 2.28 é do tipo $y = ax^2 + bx$, que representa uma parábola, sendo a e b constantes com trajetória parabólica.

## Alcance horizontal

O alcance horizontal R do corpo lançado obliquamente é a distância medida no eixo x do ponto de origem até o ponto alcançado pelo corpo quando este atinge o solo. Para obtermos essa medida, aplicamos $R = x - x_0$ na Equação 2.22 e o tempo na Equação 2.23, quando $y - y_0 = 0$, mas válido somente quando $y = y_0$. Assim:

$$R = v_0 \cos \theta \, t \quad \text{(Equação 2.29)}$$

$$\text{e} \quad y - y_0 = v_0 \sen \theta \, t - \frac{1}{2} g t^2 = 0 \rightarrow t = \frac{2 v_0 \sen \theta}{g} \quad \text{(Equação 2.30)}$$

Note que, nesse caso, o tempo de subida é igual ao tempo de decida, visto que a aceleração que atua sobre o corpo é a mesma. Portanto, substituindo o tempo da Equação 2.30 na Equação 2.29, podemos conhecer o alcance obtido pelo corpo, ou seja:

$$R = \frac{(v_0)^2 \, 2 \sen \theta \cos \theta}{2g} \quad \text{ou} \quad R = \frac{(v_0)^2 \, 2 \sen \theta}{g} \quad \text{(Equação 2.31)}$$

Ao examinar essa equação, verificamos quando ocorre o alcance máximo para determinado ângulo θ, que, nesse caso, ocorre para $\sen 2\theta = 1$, isto é, quando $2\theta = 90°$ ou $\theta = 45°$. Logo, o alcance é máximo para um ângulo de 45°. Observe no Gráfico 2.22, a seguir, os alcances obtidos no lançamento de um corpo para diversos ângulos.

Gráfico 2.22
Alcance em função do ângulo

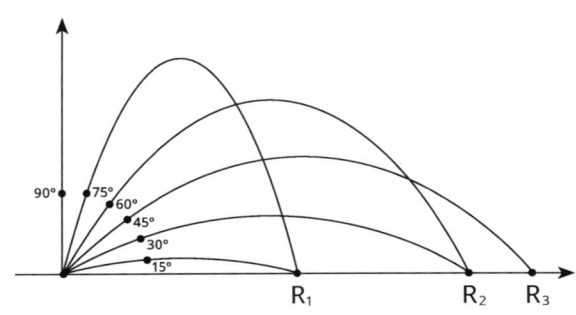

### Exemplo 2.10

Um corpo é lançado obliquamente do solo com uma velocidade de 80 m/s e uma inclinação de 60° com a horizontal. Considere o módulo da aceleração da gravidade igual a 9,8 m/s² e determine:

a. as funções da posição do corpo;
b. a função da trajetória do corpo;

c. a altura máxima atingida pelo corpo;
d. o instante em que o corpo atinge o solo;
e. o alcance horizontal alcançado pelo corpo;
f. o gráfico da trajetória do corpo.

Solução:

As funções da posição x e y do corpo são dadas pelas equações:

$x - x_0 = v_0 \cos \theta \, t$ e

$y - y_0 = v_0 \sen \theta - \frac{1}{2} g t^2$. (Equação 2.23)

Assim, substituindo os valores considerando que $x_0 = 0$ e $y_0 = 0$, teremos:

$x = 80 \cdot \cos 60° \, t \rightarrow x = 40t$; e $y = 80 \cdot \sen 60° \, t - \frac{1}{2} 9,8 t^2 \rightarrow y = 40\sqrt{(3t - 4,9t^2)}$.

A função da trajetória do corpo é dada pela equação $y = x \cdot \tg \theta - \frac{gx^2}{2(v_0\cos\theta)^2}$; substituindo as constantes, temos: $y = x \cdot \tg 60° - \frac{9,8x^2}{2(80\cos60°)^2} \rightarrow y = \sqrt{(3x - 30,625 \cdot 10^{-4} x^2)}$.

A altura máxima atingida pelo corpo é dada pela equação $y_{máx.} = \frac{(v_0 \sen\theta)^2}{2g}$. Substituindo os valores: $y_{max} = \frac{(80\sen60°)^2}{2 \cdot 9,8} \approx 244,9$ m.

O instante em que o corpo atinge o solo ocorre quando $y = 0$. Assim, $y = 40\sqrt{(3t - 4,9t^2)} = 0 \rightarrow t = \frac{40\sqrt{3}}{4,9} \approx 14,1$ s.

O alcance do corpo após o lançamento é dado pela equação $R = \frac{(v_0)^2 \sen 2\theta}{g}$. Substituindo os valores, temos: $R = \frac{(80)^2 \sen(2 \cdot 60°)}{9,8} \approx 565,6$ m.

Para construir o gráfico da trajetória do corpo, elaboramos uma tabela com valores de x e y considerando a equação $y = x \tg \theta - \frac{gx^2}{2(v_0\cos\theta)^2}$, conforme a Tabela 5.5.

Tabela 2.5
Valores de x e y

| x (m) | 0 | 100 | 200 | 300 | 400 | 500 |
|---|---|---|---|---|---|---|
| y (m) | 0 | 142,6 | 223,91 | 244,0 | 202,8 | 100,4 |

Plotando os pontos no plano xy, formamos o Gráfico 2.23, mostrado a seguir.

Gráfico 2.23
Alcance em função do ângulo

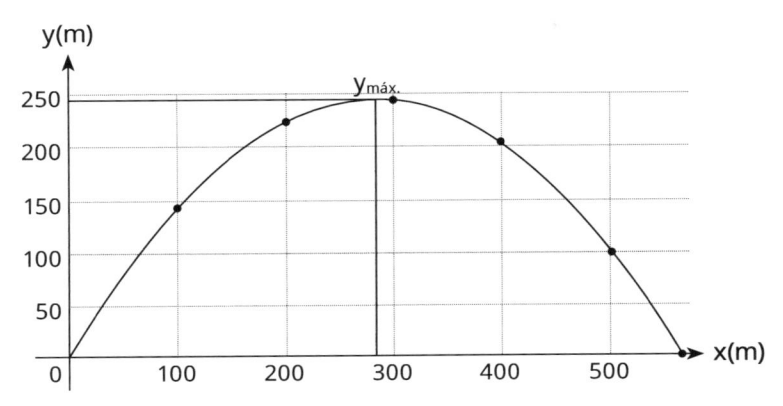

## Síntese

Neste capítulo, ao estudamos o movimento, tratamos dos conceitos de posição, deslocamento, velocidade e aceleração por uma abordagem, principalmente, escalar, ou seja, sem uma descrição vetorial do movimento de uma partícula ou objeto físico. Dessa forma, pontuamos a distinção entre o descolamento escalar e a distância percorrida por um objeto ou uma partícula num intervalo de tempo $\Delta t$. Em síntese, se um corpo muda sua posição de $x_1$ para $x_2$, pode associar a essa mudança um vetor deslocamento, dado por: $\Delta \vec{x} = \vec{x}_2 - \vec{x}_1$   (Equação 2.1)

Com base nessa definição, podemos calcular a velocidade média que o corpo desenvolveu utilizando a expressão: $\vec{v}_m = \frac{\Delta \vec{x}}{\Delta t}$ (Equação 2.2) e a velocidade escalar média, associada à distância total percorrida nesse intervalo de tempo, com a fórmula: $S_{med} = \frac{\text{distância total}}{\Delta t}$ (Equação 2.4). Porém, quando $\Delta t$ tende a zero, conhecemos a velocidade instantânea ou simplesmente a velocidade do móvel num instante t. Nesse caso, a velocidade será a derivada do espaço em relação ao tempo, dado por: $\vec{v} = \frac{d\vec{x}}{dt}$ (Equação 2.3), em que x é a função da posição em relação ao tempo t e $\vec{v}$ é o vetor velocidade tangente à trajetória.

Caso a velocidade de uma partícula, ou de um corpo que se move como uma partícula, varie em função do tempo, podemos calcular sua aceleração média dada por: $\vec{a}_m = \frac{\Delta \vec{v}}{\Delta t}$ (Equação 2.5), em que $\Delta t = t_2 - t_1$ e $\Delta \vec{v} = \vec{v}_2 - \vec{v}_1$. Se o intervalo de tempo tende a zero, há a aceleração instantânea ou simplesmente aceleração, que corresponde à derivada da velocidade em função do tempo: $\vec{a} = \frac{d\vec{v}}{dt}$ (Equação 2.6). Esse vetor é tangente à curva da velocidade em função do tempo e seu módulo representa a taxa de variação da velocidade em função do tempo.

# Movimento

Quando a aceleração é constante, e o movimento, retilíneo, ocorre o movimento uniformemente variado, cujas equações são: $x = x_0 + v_0 t + \frac{1}{2} a t^2$ (Equação 2.16), $v = v_0 + at$ (Equação 2.12) e $v^2 = v_0^2 + 2a(x - x_0)$ (Equação 2.17). Essas equações também podem ser entendidas como funções que representam dada grandeza em razão do tempo ou espaço e, portanto, podem também ser descritas em gráficos.

Se um corpo estiver em queda livre, este fica sujeito à aceleração da gravidade, que, nas proximidades da superfície da Terra, é $g = 9,8$ m/s$^2$, e o módulo de aceleração. Assim, a aceleração é o mesmo que aparece nas equações do movimento retilíneo uniformemente variado deve ser substituída pela aceleração da gravidade. Caso o corpo seja lançado com uma velocidade $\vec{v}_0$ formando um ângulo $\theta$ com a horizontal (lançamento oblíquo), essa velocidade inicial pode ser escrita evidenciando-se suas componentes $v_{0x}$ e $v_{0y}$, ou seja:

$v_{0x} = v_0 \cos \theta$ \hfill (Equação 2.20)

e $v_{0y} = v_0 \sen \theta$ \hfill (Equação 2.21)

porém os vetores velocidade $\vec{v}$ e posição $\vec{r}(x, y)$ num instante t variam e o vetor aceleração sempre é dirigido para baixo, sendo constante nas proximidades da Terra.

O movimento oblíquo pode ser analisado pela composição de dois movimentos independentes: um horizontal e outro vertical. O movimento horizontal não está sujeito à aceleração da gravidade, portanto pode-se considerar a aceleração nula; já o movimento na direção vertical corresponde ao de lançamento vertical e de queda livre com aceleração constante, quando a aceleração da gravidade tem módulo 9,8 m/s$^2$ e está dirigida para baixo. As equações que se aplicam ao lançamento oblíquo são:

$x - x_0 = v_{0x} t$ ou $x - x_0 = v_0 \cos \theta t$ (movimento horizontal) \hfill (Equação 2.22)

$y - y_0 = v_0 \sen \theta t - \frac{1}{2} g t^2$ \hfill (Equação 2.23)

$v_y = v_0 \sen \theta - gt$ \hfill (Equação 2.24)

$(v_y)^2 = (v_0 \sen \theta)^2 - 2g(y - y_0)$ (movimento vertical) \hfill (Equação 2.25)

A altura máxima atingida pelo corpo ou pela partícula é dada pela equação:

$(v_y)^2 = (v_0 \sen)^2 - 2g(y - y_0)$, com $y_0 = 0$, então temos $0 = (v_0 \sen \theta)^2 - 2 g y_{máx.} \rightarrow y_{máx.} = \frac{(v_0 \sen \theta)^2}{2g}$

\hfill (Equação 2.26)

Já a trajetória do corpo é dada por:

$y = x \tg \theta - \frac{g x^2}{2(v_0 \cos \theta)^2}$ \hfill (Equação 2.28)

Essa equação representa a trajetória do corpo quando é lançando com uma velocidade inicial $v_0$, formando um ângulo $\theta$ com o eixo x. Como $\theta$, $v_0$ e $g$ são constantes, a Equação 2.28 é do tipo $y = ax^2 + bx$, que representa uma parábola, sendo a e b constantes com a trajetória dita parabólica.

O alcance horizontal R, que corresponde à distância medida no eixo x do ponto de origem até o ponto em que o corpo atinge o solo, pode ser obtido por:

$$R = \frac{(v_0) \operatorname{sen} 2\theta}{g} \quad \text{(Equação 2.31)}$$

Ao observarmos essa equação, verificamos qual é o alcance máximo para determinado ângulo θ, que, nesse caso, ocorre para sen 2θ = 1, isto é, quando 2θ = 90° ou θ = 45°. Logo, o alcance é máximo para um ângulo de 45°.

## Conecte-se

A seguir, apresentamos diversos recursos para que você aprofunde seu conhecimento sobre os conceitos tratados neste capítulo, por meio de atividades práticas, leituras, análises de situações simuladas, bem como documentários e filmes disponíveis na *web*. Você poderá se aprofundar na análise de conceitos teóricos das leis físicas ao realizar a leitura de artigos científicos produzidos pelos mais renomados pesquisadores da área. Entre os assuntos, destaca-se a evolução do pensamento sobre o **conceito de movimento**. Além desses estudos, você poderá realizar experimentos que comprovam as teorias e leis estudadas e visualizar de forma dinâmica e concreta esses conhecimentos nos simuladores indicados na internet. Ainda, são sugeridos documentários sobre os grandes físicos que deram origem ao conhecimento físico que estudamos, como o documentário sobre Galileu Galilei.

## Experimentos

CATELLI, F.; SILVA, F. S. da. Quem chega com velocidade maior? **Caderno Brasileiro de Ensino de Física**, v. 25, n. 3, p. 546-560, dez. 2008. Disponível em: <https://periodicos.ufsc.br/index.php/fisica/article/view/9087/8451>. Acesso em: 7 nov. 2016.

Apoiando uma das extremidades de uma haste no chão e deixando-a cair com uma esfera colocada inicialmente a uma altura igual à extremidade livre da haste, quem chega com velocidade maior ao solo: a extremidade livre da haste ou a esfera? Nesse trabalho, são apresentadas diversas soluções, em níveis crescentes de complexidade. Conclui-se que questões como essa podem propiciar o desenvolvimento de atividades investigativas no ambiente da sala de aula e, eventualmente, despertar em alguns estudantes a vocação para a carreira tecnológica.

LUNAZZI, J. J.; PAULA, L. A. N. de. Corpos no interior de um recipiente fechado e transparente em queda livre. **Caderno Brasileiro de Ensino de Física**, v. 245, n. 3, p. 319-325, dez. 2007. Disponível em: <https://periodicos.ufsc.br/index.php/fisica/article/view/6237/5788>. Acesso em: 7 nov. 2016.

Nesse artigo, os autores discutem uma nova demonstração experimental da independência das propriedades dos corpos (massa, composição química, forma, etc.) na queda livre. É uma das experiências mais simples, porém uma das mais importantes da mecânica, tendo sido realizada e repensada repetidamente por diversos cientistas, tais como Galileu e Newton. Introduz-se em uma garrafa transparente uma pena e uma pedra observando a queda simultânea desses corpos. Por não haver a necessidade de produzir vácuo, essa versão pode ser repetida por qualquer aluno e professor de ensino médio e superior em qualquer ambiente, o que evidencia sua viabilidade e aplicabilidade na sala de aula.

# Movimento

TAVEIRA, A. M. A.; BARREIRO, A. C. M.; BAGNATO, V. S. Simples demonstração do movimento de projéteis em sala de aula. **Caderno Catarinense de Ensino de Física**, v. 9, n. 1, abr. 1992. Disponível em: <https://periodicos.ufsc.br/index.php/fisica/article/view/9902/9237>. Acesso em: 7 nov. 2016.

No Instituto de Física da Universidade de São Paulo (USP), *campus* São Carlos, foram ofertadas aulas demonstrativas, no curso de Física, aos alunos do 1º ano de Engenharia. Tal estratégia, combinada com a exposição dialogada, é um recurso didático valioso para tópicos básicos de física, que geralmente são um terreno árido para o ensino estimulante e a aprendizagem significativa. A utilização dos experimentos demonstrativos confeccionados foi sendo avaliada com os estudantes no decorrer do semestre, por meio de questionários e registros de observação em sala de aula.

## Leituras

BAPTISTA, J. P.; FERRACIOLI, L. A evolução do pensamento sobre o conceito de movimento. **Revista Brasileira de Ensino de Física**, v. 21, n. 1, p. 87-194, mar. 1999. Disponível em: <http://www.sbfisica.org.br/rbef/pdf/v21a25.pdf>. Acesso em: 7 nov. 2016.

Esse trabalho apresenta uma descrição histórica da evolução do pensamento científico sobre o conceito de movimento ao examinar algumas teorias propostas na Antiguidade. Assim, partindo das ideias de filósofos pré-socráticos, chega-se ao advento do conceito de *impetus*, passando por uma análise da descrição do movimento elaborada por Aristóteles.

## Vídeo

GALILEU, o mensageiro das estrelas. Disponível em: <https://www.youtube.com/watch?v=C2NnZgTCMz0&list=PL4355BE6BFE0B0D6E>. Acesso em: 7 nov. 2016.

Trata-se de um documentário sobre a obra e a vida de Galileu Galilei.

## Simuladores

AVOID THE CRASH. General Physics Java Applets. Disponível em: <http://surendranath.tripod.com/Applets/Kinematics/AvoidCrash/AC.html>. Acesso em: 7 nov. 2016.

Na simulação, pode-se observar o movimento dos dois caminhões e deve-se evitar a colisão entre eles.

CATCH UP = ULTRAPASSAGEM. General Physics Java Applets. Disponível em: <http://surendranath.tripod.com/Applets/Kinematics/CatchUp/CU.html>. Acesso em: 7 nov. 2016.

Na simulação, é possível observar o movimento dos dois móveis e os respectivos gráficos com o ponto de ultrapassagem.

FENDT, W. **Movimento dos projéteis**. 13 set. 2000. Disponível em: <http://www.walter-fendt.de/ph14br/projectile_br.htm>. Acesso em: 7 nov. 2016.

FREEFALL. Halliday. Disponível em: <http://higheredbcs.wiley.com/legacy/college/halliday/0471758019/simulations/sim02/sim02.html>. Acesso em: 7 nov. 2016.

Descrição do movimento por meio de gráficos do movimento com enfoque na queda livre.

GIAMBATTISTA. **Lançamento de uma motocicleta através de uma rampa**. Disponível em: <http://www.mhhe.com/physsci/physical/giambattista/proj/projectile.html>. Acesso em: 7 nov. 2016.

Uma moto é lançada ao se indicar as condições de inclinação da rampa e da velocidade do veículo.

HARRISON, D. M. **Dropping Two Balls near the Earth's Surface = Abandonando duas bolas perto da superfície da terra** (com uma delas podendo ter uma velocidade horizontal diferente de zero). Disponível em: <http://www.learnerstv.com/animation/animation.php?ani=29&cat=physics>. Acesso em: 7 nov. 2016.

HWANG, F.-K. **Movimento unidimensional**: deslocamento, velocidade e aceleração. NTNU – National Taiwan Normal Universityt. Virtual Physics Laboratory. Disponível em: <http://www.phy.ntnu.edu.tw/oldjava/xva/xva-port.html>. Acesso em: 7 nov. 2016.

Esse *applet* Java, disponibilizado pela Universidade Federal de Santa Catarina (UFSC), ilustra as relações entre deslocamento, velocidade e aceleração para o movimento em uma dimensão.

MOVIMENTO retilíneo com frenagem. General Physics Java Applets. Disponível em: <http://surendranath.tripod.com/Applets/Kinematics/Brake/AB.html>. Acesso em: 7 nov. 2016.

O simulador possibilita verificar o comportamento do corpo acelerado ou não, após acionar os freios do móvel.

É possível variar (em certos limites) os valores altura inicial, velocidade inicial, ângulo de inclinação, massa e aceleração gravitacional. As opções redondas permitem a seleção de cinco tamanhos físicos. A resistência do ar é desprezada.

ONE-DIMENSIONAL CONSTANT ACCELERATION. Halliday. Disponível em: <http://higheredbcs.wiley.com/legacy/college/halliday/0471758019/simulations/sim01/sim01.html>. Acesso em: 7 nov. 2016.

Descrição do movimento por meio dos gráficos do movimento com aceleração constante.

PROJECTILE MOTION. Disponível em: <http://science.sbcc.edu/~physics/flash/projectilemotion.html>. Acesso em: 7 nov. 2016.

PROJECTILE MOTION. General Physics Java Applets. Disponível em: <http://surendranath.tripod.com/Applets/Kinematics/ProjectileMotion/PM.html>. Acesso em: 8 maio 2016.

PROJECTILE MOTION. General Physics Java Applets. Disponível em: <http://surendranath.tripod.com/Applets/Kinematics/ProjectileMotion/PMHP.html>. Acesso em: 7 nov. 2016.

PROJECTILE MOTION. General Physics Java Applets. Disponível em: <http://surendranath.tripod.com/Applets/Kinematics/ProjectileMotion/PMV.html>. Acesso em: 7 nov. 2016.

PROJECTILE MOTION. General Physics Java Applets. Disponível em: <http://surendranath.tripod.com/Applets/Kinematics/ProjectileMotion/PMC.html>. Acesso em: 7 nov. 2016.

Movimento de projéteis sob condições diferentes.

PROJECTILE MOTION. Halliday. Disponível em: <http://higheredbcs.wiley.com/legacy/college/halliday/0471758019/simulations/sim04/sim04.html>. Acesso em: 7 nov. 2016.

Mostra o movimento do projétil e os gráficos da posição e da velocidade nas direções x e y.

PROJECTILE RANGE. Disponível em: <http://science.sbcc.edu/~physics/flash/projectilerange2.html>. Acesso em: 7 nov. 2016.

Pode-se perceber com esses simuladores os movimentos relativos: movimento uniforme e movimento uniformemente variado. Também é possível observar alcances iguais para ângulos de lançamentos diferentes.

STOPPING DISTANCE OF A CAR. Halliday. Disponível em: <http://higheredbcs.wiley.com/legacy/college/halliday/0471758019/simulations/sim10/sim10.html>. Acesso em: 7 nov. 2016.

Ao considerar o tempo de reação do motorista, é possível verificar a distância de frenagem.

## Atividades de autoavaliação

1. Um carro, numa trajetória retilínea, percorre um terço de certa distância a 40 km/h. Os dois terços seguintes são percorridos, no mesmo sentido, a uma velocidade de 70 km/h. A velocidade média do carro durante o percurso é de quantos km/h?
   a) 50.
   b) 52.
   c) 54.
   d) 56.
   e) 58.

2. O movimento de um objeto ao longo do eixo x é descrito pela função da posição em relação ao tempo e é dado por: $x(t) = 18{,}75t - t^3$, com x em metros e t em segundos. A velocidade (m/s) e a aceleração (m/s²) com que o objeto passa pela origem, para t > 0 s, são, respectivamente, iguais a:
   a) 36,5 e 22,80.
   b) –37,5 e –25,98.
   c) 32,33 e 20,21.
   d) –30,25 e –24,55.
   e) 32,10 e –22,32.

3. Uma partícula movimenta-se ao longo do eixo x e sua posição é descrita pela função $x(t) = 15t - 3t^3$, sendo x em metros e t em segundos. A posição (m) em que a partícula muda o sentido do movimento é:
   a) 10,21.
   b) 11,35.
   c) 12,91.
   d) 13,54.
   e) 14,20.

4. Um elevador parte do repouso com uma aceleração de a = 1,25 m/s² até atingir uma velocidade máxima de 300 m/min e, no momento de parada, desacelera com a = –1,25 m/s² até atingir o repouso. O tempo, em segundos, que o elevador gasta para percorrer 150 m é igual a:
   a) 30 s.
   b) 31.
   c) 32.
   d) 33.
   e) 34.

5. Numa via rápida, a distância entre dois semáforos é de 500 m e a velocidade máxima permitida é de 60 km/h. Um carro encontra-se parado no primeiro semáforo e parte com uma aceleração de 3 m/s² quando a luz verde se acende. Próximo do segundo semáforo, a luz amarela se acende e o motorista freia o carro com uma aceleração, em módulo, de 5 m/s² até parar. Considerando a velocidade máxima

permitida na via, o menor tempo possível, em segundos, que o carro leva para percorrer a distância entre os dois semáforos é de:
a) 30,4.
b) 31,2.
c) 32,3.
d) 33,5.
e) 34,4.

6. O gráfico a seguir descreve o movimento de um objeto com a aceleração constante ao longo do eixo x. Assinale a alternativa que corresponde, respectivamente, à posição, à velocidade inicial e à aceleração do objeto.

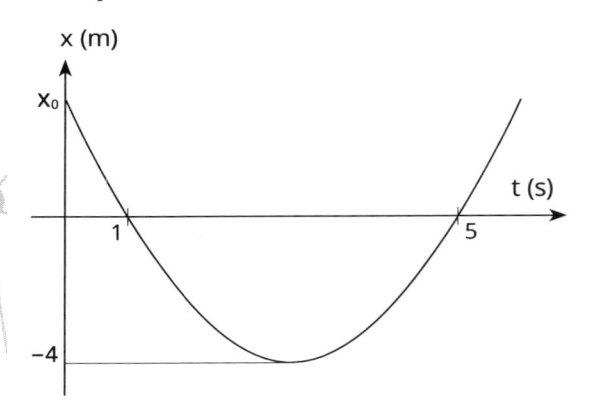

a) 4 m, –5 m/s e 3 m/s².
b) 5 m, 5 m/s e 4 m/s².
c) 5 m, –6 m/s e 2 m/s².
d) 6 m, 6 m/s e 2 m/s².
e) 3 m, –4 m/s e 4 m/s².

7. Desprezando-se a resistência do ar, com que velocidade deve ser lançado um objeto para que a altura máxima alcançada seja igual a 10 m? Depois de quanto tempo o objeto atinge o solo?

Assinale a alternativa que indica, respectivamente, a altura máxima e o tempo para o objeto atingir o solo.
a) 10 m e 2,86 s.
b) 11 m e 2,5 s.
c) 12 m e 2,8 s.
d) 13 m e 2,9 s.
e) 14 m e 3,2 s.

8. Tendo em vista que a altura da qual cai uma gota de chuva seja igual a 1 700 m e que a resistência do ar seja desconsiderada, a velocidade de uma gota de chuva, em km/h, ao atingir o solo é igual a:
a) 589.
b) 595.
c) 629.
d) 657.
e) 726.

9. Um objeto é lançado do solo com uma velocidade de módulo igual a 100 m/s numa direção que forma um ângulo de 45° com a horizontal. Despreze a resistência do ar e considere g = 9,8 m/s². Assinale a alternativa que apresenta, respectivamente, a altura máxima atingida, o instante em que o objeto atinge o solo e o alcance horizontal.
a) 255,1 m, 14,4 s e 1020,4 m.
b) 265,1 m, 15,4 s e 1100,4 m.
c) 285,1 m, 15,8 s e 1120,4 m.
d) 245,1 m, 13,4 s e 1010,4 m.
e) 295,1 m, 16,5 s e 1150,7 m.

## Movimento

10. Um objeto é lançado a partir do solo com uma velocidade de módulo igual a 100 m/s numa direção que forma um ângulo de 45° com a horizontal. Despreze a resistência do ar e considere g = 9,8 m/s², assinale a alternativa que corresponde à função e ao gráfico da trajetória do objeto:

a) $y = 0 + x - 9,8 \cdot 10^{-4} x^2$ e

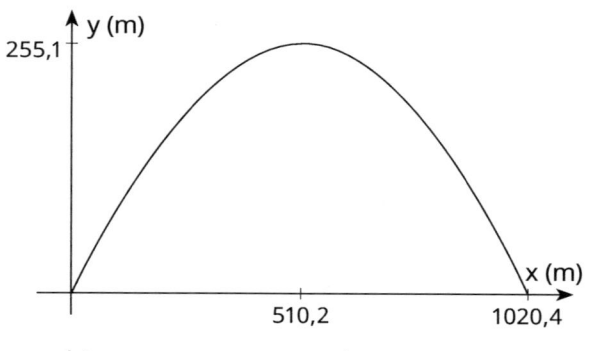

y (m), 255,1; x (m) 510,2 e 1020,4

b) $y = 20 + x - 9,8 \cdot 10^{-4} x^2$ e

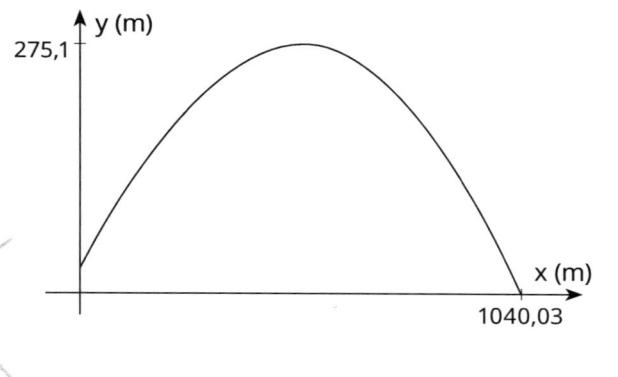

y (m), 275,1; x (m) 1040,03

c) $y = 30 + x - 9,8 \cdot 10^{-4} x^2$ e

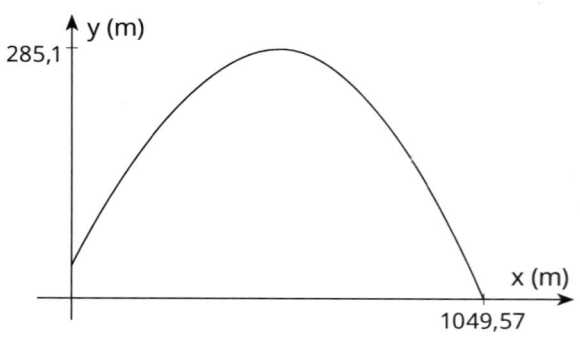

y (m), 285,1; x (m) 1049,57

d) $y = 40 + x - 9,8 \cdot 10^{-4} x^2$ e

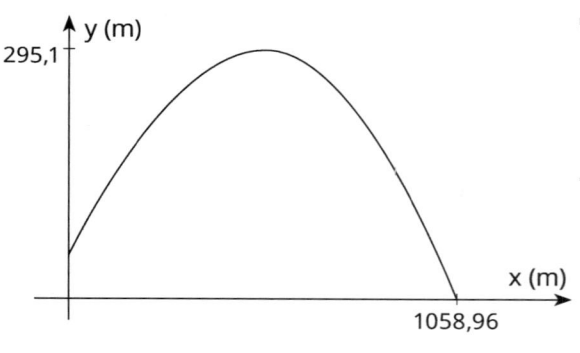

y (m), 295,1; x (m) 1058,96

e) $y = 50 + x - 9,8 \cdot 10^{-4} x^2$ e

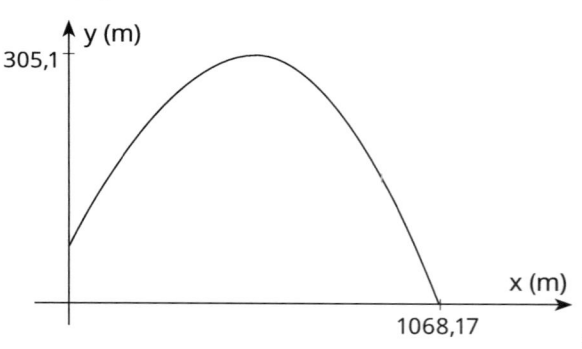

y (m), 305,1; x (m) 1068,17

## Atividades de aprendizagem

### Questões para reflexão

1. O gráfico a seguir mostra a posição de um corpo em função do tempo, para t ≥ 0.

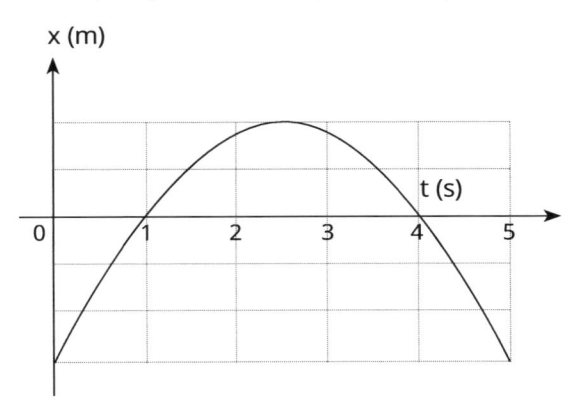

   a) O corpo, no instante t = 0, encontra-se antes ou depois da origem? Justifique sua resposta.
   b) Em quais intervalos de tempo a velocidade do corpo é nula, negativa e positiva?
   c) Em quais instantes o corpo passa pela origem?
   d) O corpo tem aceleração? Justifique sua resposta.
   e) O corpo muda o sentido de seu movimento? Justifique sua resposta.
   f) Descreva o movimento do corpo no intervalo de tempo de 0 a 5 segundos.

2. Considere o movimento de um corpo, dado no gráfico velocidade versus tempo, para um intervalo de tempo [0, $t_2$].

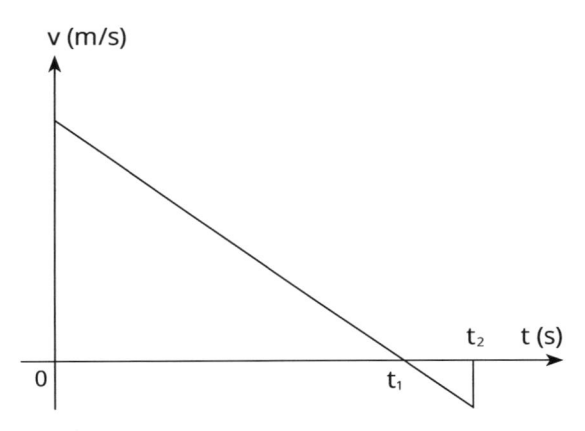

   a) Qual é o sentido inicial e o final do movimento? Justifique sua resposta.
   b) O corpo para em algum instante? Justifique sua resposta.
   c) Em quais intervalos de tempo a velocidade é positiva e em quais intervalos ela é negativa?
   d) Em quais intervalos de tempo o corpo acelera e em quais ele desacelera?

# Movimento

Atividade aplicada: prática

1. Essa atividade pode ser realizada com uma pequena esfera de metal (ou outro material duro), uma mesa, uma trena, giz, caderno para anotações e realizações de cálculos. A atividade corresponde ao lançamento horizontal da esfera por meio de um impulso, de forma que ela seja lançada horizontalmente, conforme mostra a figura a seguir.

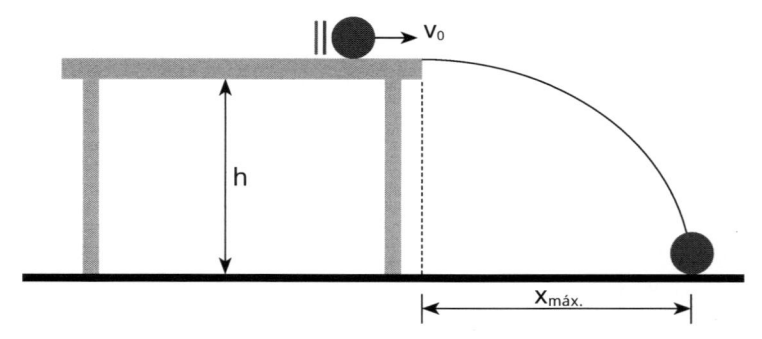

A partir da realização do experimento, determine a velocidade inicial $\vec{v}_0$ da esfera, a partir da altura $h$ conhecida e do alcance máximo medido durante o experimento.

# 3.
## As leis de Newton

# As leis de Newton

Na mecânica, as leis de Newton são importantes para a compreensão dos movimentos dos corpos, sobretudo ao considerarmos as interações físicas entre eles. O conjunto de três leis formuladas por Newton é a base do estudo que envolve força e movimento, de modo que sua aplicação é suficiente para resolver uma grande diversidade de problemas de mecânica. Esses problemas podem estar relacionados às situações de repouso ou de movimento em relação a referenciais inerciais, quando se calculam forças, resultantes de forças, velocidades, acelerações etc. Embora sejam três leis apenas, a abrangência de suas aplicações não só é diversificada e numerosa como também universal. Elas podem ser aplicadas em qualquer lugar do universo previsto pela ciência.

Os referenciais aos quais as leis de Newton se aplicam são chamados *referenciais inerciais*. Estes se encontram em repouso ou em movimento retilíneo uniforme; caso estejam acelerados, são *referenciais não inerciais*. Por exemplo: o solo é um referencial inercial se o movimento de rotação e translação da Terra for desprezado, caso contrário, as leis de Newton não se aplicam, porque a Terra será considerada um referencial não inercial.

Ao aplicarmos as leis com base em um referencial inercial em um ou mais corpos, devemos levar em conta a força resultante, que corresponde à soma vetorial das forças atuantes no corpo. Assim, as forças que atuam sobre um corpo podem ser substituídas por uma única força denominada *força resultante*, representada por $\vec{F}_R$, e que produzirá o mesmo efeito sobre o corpo que as demais forças atuantes, inclusive podendo ser nula. Isso é possível em virtude do princípio de superposição de forças.

A unidade de força é o newton, representada por N, e corresponde à força de 1 N exercida sobre um corpo de massa 1 kg quando este acelera, na mesma direção e sentido da força, com 1 m/s². Ou seja:

$$1\ N = 1\ kg \cdot m/s^2$$

As forças que atuam em um corpo podem ser de vários tipos, como:

- **gravitacional** – gerada pela atração entre os corpos;
- **peso** – correspondente à força necessária para impedir que um corpo caia livremente;
- **normal** – aplicada por uma superfície em virtude de sua deformação, quando sobre a superfície é exercida outra força;
- **de atrito** – quando ocorre um movimento relativo entre duas superfícies;
- **de tração** – gerada por uma corda esticada presa a um corpo.

## 3.1 Primeira Lei de Newton

O movimento de um corpo com velocidade constante deve ser mantido, necessariamente, por uma força? Antes dos estudos de Galileu e outros pensadores da época, afirmava-se que um corpo só consegue manter seu movimento, mesmo com velocidade constante, se houver uma força motora aplicada a ele mantendo esse movimento. Aristóteles, o mentor e criador dessa ideia, afirmava que todos os corpos tendem a voltar ao "estado natural", a menos que se mantenha sobre ele uma força motriz. A esse lugar natural correspondem os lugares onde os corpos estão. Por exemplo, sobre a superfície da Terra, os corpos tendem a permanecer nos lugares planos ou mais baixos. E isso explicaria a razão pela qual, numa ladeira, um corpo tende a descer; ou, de outro modo, ao estar elevado no ar, tende a cair. Isso explicaria também por que quando lançamos uma esfera numa superfície plana, após percorrer certa distância, ela para.

Essas experiências reforçam o senso comum de que um corpo, para estar em movimento, necessita de uma força que o impulsione, conforme afirmava a física aristotélica. Contudo, numa superfície bastante polida, como um piso encerado, percebemos ser mais fácil deslizar do que numa superfície rugosa. Esse fato motiva a pensar de um modo diferente: o que acontece com um corpo que se move com velocidade numa superfície plana e lisa se toda a resistência ao movimento for suprimida, inclusive a resistência do ar? Naturalmente, não há o atrito da superfície lisa, tampouco a resistência do ar para agir sobre o corpo. Isso conduziria à conclusão de que não há nada que resista ao movimento nesse contexto. Desse modo, essa experiência sugere que o movimento perdura ao longo do tempo e o corpo desenvolve sua velocidade constante mantendo-se na mesma direção. De outro modo, um corpo, estando parado, livre de forças sobre uma superfície plana absolutamente lisa (sem atrito) e na ausência da resistência do ar, pode entrar em movimento? Nessa situação, mesmo sem as forças que naturalmente resistiriam ao movimento, como a força de atrito e a resistência do ar, a experiência sugere que o corpo permanece sempre em repouso.

As situações descritas preconizam o que Newton formulou após as contribuições de outros pensadores ou filósofos naturais: a **Lei da Inércia**. Essa lei evidencia uma propriedade inerente à matéria, denominada *inércia*, que existe em todo corpo material, independentemente do que ele seja feito. É essa lei que explica por que os corpos permanecem em movimento quando, de repente, uma força é aplicada para fazê-los parar – como ocorre num ônibus coletivo quando o motorista freia bruscamente, conforme ilustra a Figura 3.1.

# As leis de Newton

Figura 3.1
Frenagem brusca

### Primeira Lei de Newton
Um corpo permanece em repouso ou em movimento retilíneo uniforme se o somatório das forças que atuam sobre ele for nulo.

De acordo com essa lei, os corpos tendem a manter seu estado de movimento: se em movimento, tendem a permanecer em movimento retilíneo uniforme; se em repouso, a tendência é permanecer em repouso. Contudo, devemos frisar que, em nosso dia a dia, a situação de um corpo permanecer em movimento retilíneo não é observada, pois os corpos tendem a parar quando estão em movimento se nenhuma força atua na direção desse movimento. No entanto, cabe esclarecer que isso ocorre por causa do atrito entre as superfícies dos corpos e também em razão da resistência do ar; mas, se esses fatores não existissem, os corpos descreveriam movimentos exatamente como determina a Primeira Lei. É o que ocorre no espaço sideral – os corpos em movimento no espaço nunca entrarão em repouso, a menos que alguma força atue de forma contrária a esse movimento.

### Exemplo 3.1
Uma bicicleta com velocidade constante é ultrapassada por um automóvel que se desloca à velocidade constante de 100 km/h. Qual dos dois veículos imprime maior força resultante?

### Solução:
Na situação descrita, tanto a bicicleta quanto o carro têm resultantes nulas, pois suas velocidades são constantes. Esse fato decorre da Primeira Lei de Newton, embora possamos ter a impressão de que haveria uma resultante diferente de zero atuando sobre os móveis e que essa resultante deveria ser bem maior no caso do carro. Portanto, os dois têm resultantes iguais a zero, embora o motor do carro deva fazer muito mais esforço para manter o movimento do que o ciclista na bicicleta.

## 3.2 Segunda Lei de Newton

Ao chutarmos uma bola de futebol, imprimimos nela uma aceleração que a faz adquirir um movimento com determinada velocidade v.

Se procurássemos fazer o mesmo com um paralelepípedo, o que não é aconselhável, aplicando a mesma força, poderíamos observar que a aceleração adquirida nesse caso não seria a mesma alcançada. E mais, dependendo do chute dado, o paralelepípedo poderia sofrer apenas um pequeno deslocamento.

O que poderia ter gerado uma velocidade considerável à bola que foi incapaz de gerar o mesmo efeito no paralelepípedo? Como resposta a essa pergunta, muitos citariam ser a massa como responsável pela aceleração adquirida pela bola ou pela quase ausência de aceleração do paralelepípedo. De fato, as acelerações diferentes para os dois casos estão relacionadas diretamente às massas diferentes, o paralelepípedo tem muito mais massa do que a bola. Mas o que é exatamente a massa de um corpo? Podemos formular essa resposta fundamentados na análise da aceleração e da força quando atuam num corpo, ou seja, se aplicarmos forças diferentes a determinado corpo, aparecerão acelerações diferentes e proporcionais às forças aplicadas. Na Figura 3.2, temos um mesmo corpo mostrado em três situações distintas. São aplicadas três forças ao corpo e, aparecem três acelerações. Essas acelerações são proporcionais às forças aplicadas, mas, se fizermos a razão entre essas duas grandezas, obteremos um valor sempre constante, dado por:

$$\frac{F_1}{a_1} = \frac{F_2}{a_2} = \frac{F_3}{a_3} = \text{constante} \qquad \text{(Equação 3.1)}$$

Figura 3.2
Massa inercial

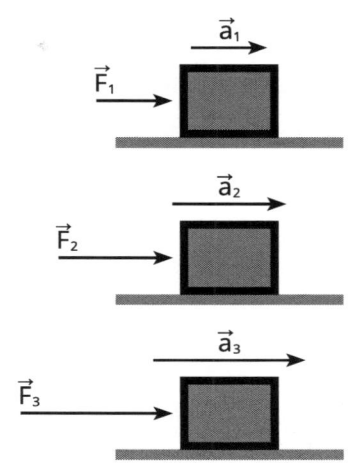

A experiência mostra que a constante obtida pela razão entre a força e a aceleração é a massa do corpo, denominada *massa inercial*. Essa massa é uma propriedade do corpo e indica a medida de resistência do corpo para alterar seu estado de movimento, estando em repouso ou em movimento retilíneo uniforme. Essa verificação foi estudada por Newton, e resultou em sua segunda lei.

> **Segunda Lei de Newton**
> A resultante das forças aplicadas a um corpo é igual ao produto de sua massa pela aceleração que adquire:
> $$\vec{F}_R = m\vec{a} \qquad \text{(Equação 3.2)}$$

## 3.3 Terceira Lei de Newton

A interação física entre os corpos se dá por meio da ação de uma força sobre um corpo, por exemplo, quando empurramos ou puxamos um objeto. Quando aplicamos uma força sobre um corpo, também sofremos ação dessa força por meio da reação, pois a interação se dá nos dois sentidos, ou seja, de nós sobre o corpo e do corpo sobre nós. Na Figura 3.3, a pessoa sobre um *skate* empurra a parede, mas, da mesma forma, a parede age sobre a mão da pessoa, empurrando-a na mesma direção e no sentido oposto. Esse comportamento dos corpos quando estão interagindo foi estudado por Newton e resultou em sua terceira lei.

Figura 3.3
Ação-reação

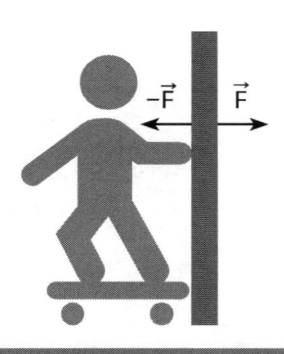

**Terceira Lei de Newton**
Se um corpo A exerce uma força sobre um corpo B, o corpo B exerce sobre A uma força de mesma intensidade e direção, mas de sentido contrário.

Essas forças atuam aos pares, porém em corpos distintos. Assim, sempre que dois corpos interagem, há um par de forças atuando que não se anulam, pois ocorrem em corpos separados.

## 3.4 Aplicações das leis de Newton

As aplicações das leis de Newton são ilimitadas e ocorrem em diversas situações do dia a dia ou em situações específicas, como nas engenharias. Para exemplificar algumas dessas situações, seguem três exemplos de aplicação da Segunda Lei de Newton.

### Exemplo 3.2

Dois blocos de massas $m_1 = 4$ kg e $m_2 = 6$ kg encontram-se sobre uma superfície horizontal sem atrito e ligados por um fio de massa desprezível e inextensível. Uma força $\vec{F}$ horizontal de intensidade igual a 30 N é aplicada sobre o bloco 1, conforme ilustra a Figura 3.4.

Figura 3.4
Força aplicada a dois blocos sem atrito

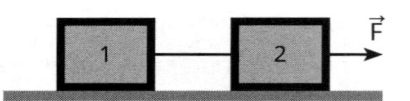

Determine:

a. a aceleração do conjunto;
b. a tração no fio entre os blocos.

### Solução:

Para resolver o problema, identificaremos as forças que atuam nos dois blocos.

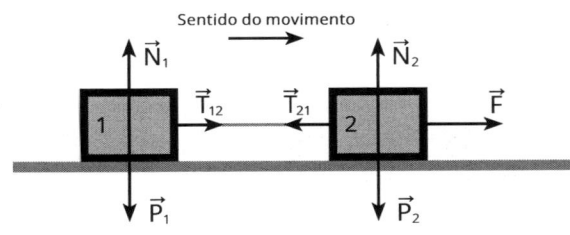

O conjunto ($m_1 + m_2$) move-se para a direita, sendo esse o sentido positivo do movimento, e a única força que atua nessa direção é a força $\vec{F}$. Assim, aplicando a Segunda Lei de Newton ao conjunto, com essa direção de movimento, temos: $\vec{F}_R = m \cdot \vec{a}$, em que $F_R = F$ e $m = m_1 + m_2$. Substituindo essas expressões na Segunda Lei de Newton e isolando a aceleração, obtemos: $F = (m_1 + m_2) \cdot a \to a = \dfrac{F}{m_1 + m_2} = \dfrac{30}{4 + 6} = 3 \, \dfrac{m}{g^2}$.

Para encontrar a tração no fio, precisamos analisar a atuação das forças nos corpos 1 ou 2 de forma separada. Como o fio é de massa desprezível e inextensível, as trações $T_{12}$ e $T_{21}$ são iguais a T.

Aplicando a Segunda Lei de Newton ($\vec{F}_R = m \cdot \vec{a}$) ao corpo 1, calcula-se a tração no fio T.

$T = m_1 a \to T = 4 \cdot 3 = 12$ N.

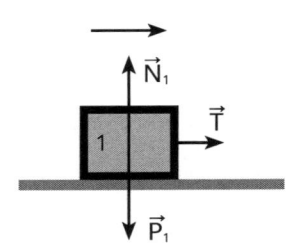

Da mesma forma, podemos analisar o segundo bloco e aplicar a Segunda Lei de Newton ($\vec{F}_R = m \cdot \vec{a}$) para calcular a tração no fio.

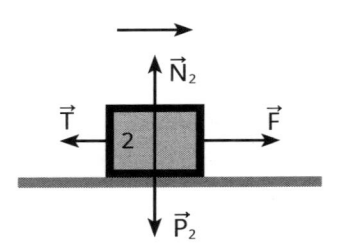

Assim, $F - T = m_2 \cdot a \to T = F - m_2 a \to T = 30 - 6 \cdot 3 = 12$ N.

### Exemplo 3.3

Na Figura 3.5, o bloco m puxa o bloco M, que se encontra sobre uma superfície sem atrito, por meio do fio inextensível e de massa desprezível. Considerando que a roldana tem massa bem menor que a massa dos corpos e que as massas dos corpos sejam M e m, determine:

a. a aceleração do conjunto;
b. a tração no fio que une os dois corpos.

Solução:

Consideremos o módulo da aceleração da gravidade igual a g, atuando na vertical e no sentido negativo do eixo y.

Figura 3.5
Força peso (bloco m) puxando bloco M (sem atrito)

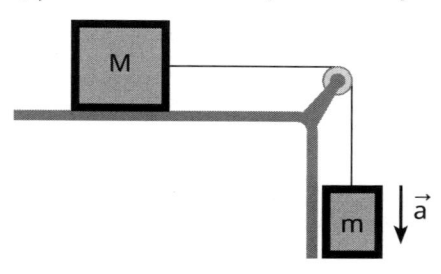

No esquema mostrado na Figura 3.5, os corpos movem-se com a mesma aceleração, e a tração aplicada aos dois corpos tem mesmo módulo. Para o cálculo da aceleração e da tração, devemos identificar as forças que atuam nos corpos M e m.

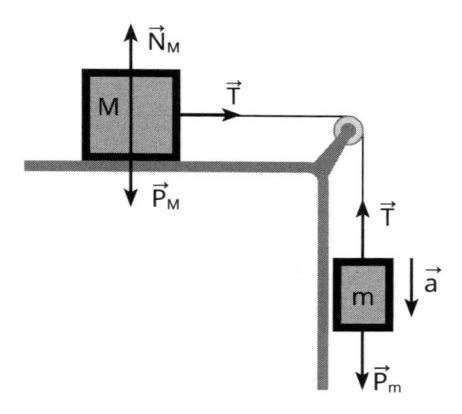

Aplicando a Segunda Lei de Newton ($\vec{F}_R = m \cdot \vec{a}$) ao corpo Mo na direção do movimento: $T = Ma$ (1).

Aplicando a mesma lei ao corpo m: $P_m - T = ma \rightarrow mg - T = ma$ (2).

Substituindo a equação (1) em (2), temos: $mg = (M + m)a \rightarrow a = \dfrac{m}{M + m} g$ (3). Essa é a aceleração do conjunto.

Para obtermos a tração no fio, substituímos a equação (3) em (1): $T = \dfrac{Mm}{M + m} g$.

O mesmo resultado pode ser alcançado se substituirmos a equação (3) em (2):

$mg - T = m \left( \dfrac{m}{M + m} g \right) \rightarrow T = mg - \dfrac{m^2}{M + m} g = mg \left( 1 - \dfrac{m}{M + m} \right) = mg \left( \dfrac{M + m - m}{M + m} \right)$
$\rightarrow T = \dfrac{Mm}{M + m} g$.

### Exemplo 3.4

A Figura 3.6 ilustra dois blocos (A e B) de massas 3 kg e 6 kg, respectivamente, sobre uma superfície sem atrito. A força $\vec{F}$, aplicada ao bloco A, tem módulo igual a 18 N e direção paralela ao piso.

Figura 3.6
Força aplicada a dois blocos superpostos

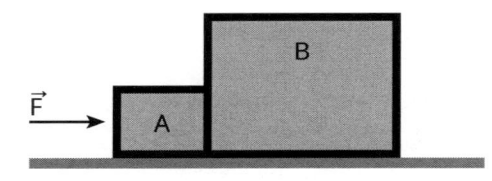

Determine a força que o bloco B exerce sobre o bloco A.

### Solução:

Para determinarmos a força que o bloco B exerce sobre o bloco A, precisamos calcular a aceleração do conjunto.

Considerando o conjunto (A e B) e aplicando a Segunda Lei de Newton ($\vec{F}_R = m \cdot \vec{a}$), temos:
$F = (m_A + m_B)a \rightarrow a = \dfrac{F}{m_A + m_B} = \dfrac{18}{3 + 6} = 2 \text{ m/s}^2$.

Para calcularmos a força que o bloco B exerce sobre o bloco A, separamos os corpos:

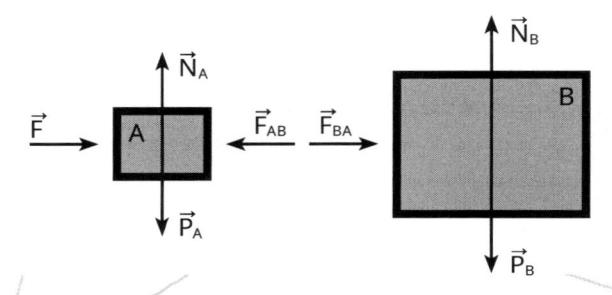

Aplicando a Segunda Lei de Newton ao bloco B, temos: $F_{BA} = m_B a \rightarrow F_{BA} = 6 \cdot 2 = 12$ N.

O mesmo resultado pode ser encontrado ao aplicar a Segunda Lei de Newton ao bloco A:

$F - F_{AB} = m_A a \rightarrow F_{AB} = F - m_A a \rightarrow F_{AB} = 18 - 3 \cdot 2 = 18 - 6 \rightarrow F_{AB} = 12$ N.

## 3.5 Atrito

Quando duas superfícies estão em contato, as imperfeições – rugosidades – entre elas dificultam o deslizamento de uma sobre a outra. Na Figura 3.7, as superfícies são ampliadas e as imperfeições podem ser observadas. Elas geram o atrito, que, por sua vez, é transformado em calor. O atrito gerado pelas superfícies depende do tipo de material e do movimento relativo entre as superfícies. Se há apenas uma tendência ao movimento entre as superfícies, a força de atrito é denominada *atrito estático*; mas, se houver movimento relativo entre as superfícies, o atrito é dito *cinemático*.

Figura 3.7
Superfícies em atrito

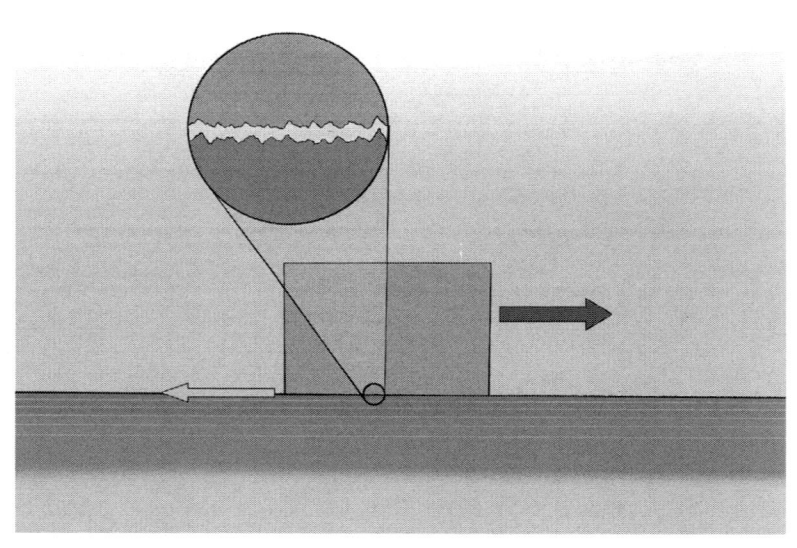

Fonte: Elaborado com base em Marques; Ueta, 2007.

A força de atrito é sempre contrária ao movimento e cresce de zero até um valor máximo. Na Figura 3.8, o bloco é puxado com uma força $\vec{F}$ variável aplicada ao caixote para colocá-lo em movimento. À medida que essa força aumenta, cresce também a força de atrito estático até um valor máximo, conforme observamos no Gráfico 3.1. Quando a força aplicada é igual à força de atrito estático máxima, o bloco está na iminência de movimento, e um pequeno acréscimo da força aplicada coloca o bloco em movimento; assim, a força de atrito passa a ser menor – força de atrito cinemático.

Figura 3.8
Força de atrito estático

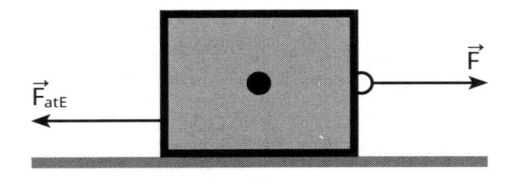

Gráfico 3.1
Força de atrito estático e cinemático

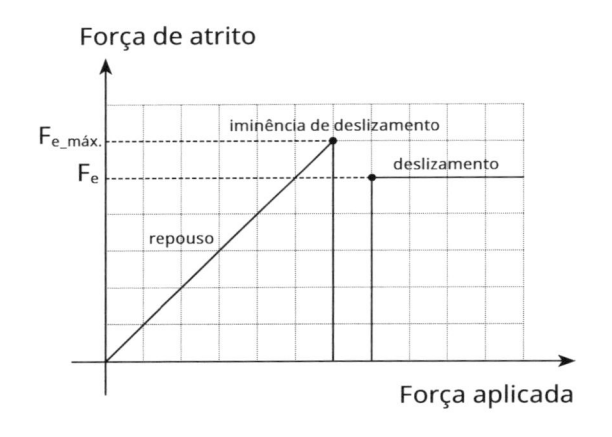

Os estudos realizados sobre o atrito estático e o cinemático constararem algumas propriedades experimentalmente. Essas propriedades também são chamadas *leis do atrito*, a saber:

- **Primeira propriedade** – Os módulos das forças de atrito estático e cinemático são diretamente proporcionais ao módulo da força normal (N) na superfície de contato.
- **Segunda propriedade** – As forças de atrito estático e cinemático têm intensidades proporcionais ao coeficiente de atrito do qual é constituído o material.
- **Terceira propriedade** – A intensidade da força de atrito estático varia de zero até um valor máximo, quando o corpo fica na iminência do movimento. Após ultrapassar esse valor, o corpo entra em movimento e a força de atrito que passa a atuar é a força de atrito cinemático, a qual, para velocidades pequenas (cerca de 5 m/s), pode ser considerada constante.

## As leis de Newton

Os módulos das forças de atrito estático e cinemático são dados, respectivamente, pelas expressões: $F_e \leq \mu_e N$ (3.3) e $F_c = \mu_c N$ (3.4), em que N é a força normal à superfície, e os coeficientes de atrito estático e cinemático são, respectivamente, $\mu_e$ e $\mu_c$, sendo $\mu_e > \mu_c$.

O Quadro 3.1 mostra o coeficiente de atrito estático e cinemático de alguns tipos de materiais.

Quadro 3.1
Coeficientes de atrito estático e cinemático de alguns materiais

| Alguns coeficientes de atrito entre superfícies limpas e secas de dois materiais ||||
|---|---|---|---|
| Material 1 | Material 2 | $\mu_e$ | $\mu_c$ |
| Alumínio | Alumínio | 1,1 1,4 | 1,4 |
| Alumínio | Aço carbono | 0,61 | 0,47 |
| Borracha | Asfalto | 0,4 | – |
| Borracha | Asfalto (molhado) | 0,2 | – |
| Carvalho | Carvalho (fibras paralelas) | 0,62 | 0,48 |
| Carvalho | Carvalho (fibras transversais) | 0,54 | 0,32 |
| Cobre | Ferro fundido | 1,1 | 0,29 |
| Couro | Metal | 0,6 | – |
| Couro | Metal (molhado) | 0,4 | – |
| Diamante | Diamante | 0,1 | – |
| Ferro fundido | Ferro fundido | 1,1 | 0,15 |
| Ferro fundido | Carvalho | – | 0,49 |
| Grafite | Grafite | 0,1 | – |
| Grafite (no vácuo) | Grafite (no vácuo) | 0,5 – 0,8 | – |
| Grafite | Aço | 0,1 | – |
| Náilon | Náilon | 0,15 – 0,25 | – |
| Safira | Safira | 0,2 | – |
| *Teflon* | *Teflon* | 0,4 | – |
| Vidro | Vidro | 0,9 – 1 | 0,4 |
| Vidro | Metal | 0,5 – 0,7 | – |

Fonte: Gaspar, 2013, p. 151.

### Exemplo 3.5

Dois corpos de massa $m_A = 3$ kg e $m_B = 5$ kg, respectivamente, estão dispostos conforme mostra a Figura 3.9. Despreze as massas do fio e da roldana e considere o coeficiente de atrito cinético entre a superfície do plano e o corpo A como $\mu_c = 0{,}40$ ($g = 9{,}8$ m/s²).

Figura 3.9
Força peso (bloco B) puxando bloco A com atrito

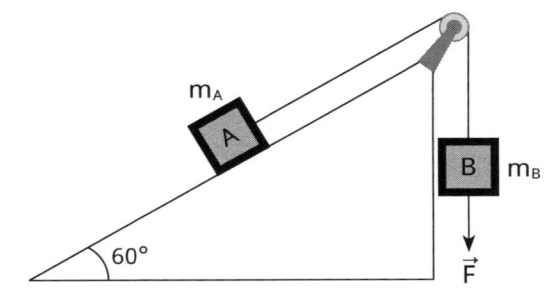

Determine:

a. a aceleração do conjunto;
b. a tração no fio.

### Solução:

Para o cálculo da aceleração do conjunto, identificaremos todas as forças que atuam nos corpos e entre as superfícies do corpo A e do plano. A Figura 3.10 a seguir ilustra todas as forças que atuam na direção do plano e na direção perpendicular ao plano e também no corpo B. O sentido do movimento é o sentido indicado na figura.

Figura 3.10
Forças atuantes em A e B

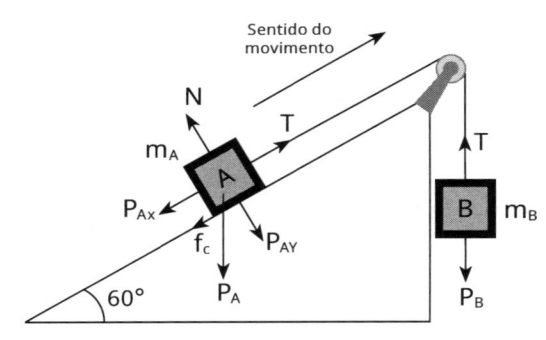

Fazemos, então, a soma das forças sobre o corpo A na direção y igual a zero, temos:

$\Sigma F_y = 0 \rightarrow N - P_{Ay} = 0 \rightarrow N = m_A \, g \cos \theta$ (1)

Aplicando a Segunda Lei de Newton sobre o corpo A, temos:

$\Sigma F_x = m_A \, a \rightarrow T - P_{ax} - F_c = m_A \, a \rightarrow T - m_A \, g \, \text{sen} \, \theta - \mu_c N = m_A \, a$ (2)

Substituindo a equação (1) em (2):

$T - m_A \, g \, \text{sen} \, \theta - \mu_c \, m_A \, g \cos \theta = m_A \, a$.

$T - m_A \, g(\text{sen} \, \theta + \mu_c \cos \theta) = m_A \, a$ (3).

Aplicando a Segunda Lei de Newton sobre o corpo B: $P_B - T = m_B \, a \rightarrow m_B \, g - T = m_B \, a$ (4).

Somando as equações (3) e (4):

$m_B \, g - m_A \, g(\text{sen} \, \theta + \mu_c \cos \theta) = (m_A + m_B) \, a \rightarrow a = \dfrac{m_B - m_A (\text{sen} \theta + \mu_c \cos \theta)}{(m_A + m_B)} g$.

Substituindo os dados, temos: $a = \dfrac{5 - 3 \, (\text{sen} 60 + 0{,}40 \cos 60)}{3 + 5} \, 9{,}8 \rightarrow a = 2{,}2 \, m/s^2$.

A tração no fio, pela equação (3), é:

$T = m_A[a + g \, (\text{sen} \, \theta + \mu_c \cos \theta)] \rightarrow T = 3 \, (2{,}2 + 9{,}8 \, (\text{sen} \, 60 + 0{,}40 \cos 60) \rightarrow T \approx 38 \, N$.

## Síntese

Neste capítulo, foram estudadas as leis de Newton e suas aplicações em diversas situações voltadas à aprendizagem, ou seja, casos hipotéticos nos quais se destacam as forças que interagem sobre um corpo ou uma partícula. Inicialmente, tratamos da Lei da Inércia, ou Primeira Lei de Newton: **Um corpo permanece em repouso ou em movimento retilíneo uniforme se o somatório das forças que atuam sobre ele for nulo**. Na sequência, abordamos a Segunda Lei de Newton, que afirma: **A resultante das forças aplicadas a um corpo é igual ao produto de sua massa pela aceleração que adquire** – $\vec{F}_R = m\vec{a}$ (Equação 3.2). E, finalmente, analisamos a Terceira Lei de Newton, que diz: **Se um corpo A exerce uma força sobre um corpo B, o corpo B exerce sobre A uma força de mesma intensidade e direção, mas de sentido contrário**. Com base nessas leis, podemos resolver muitos problemas em que a força resultante sobre um sistema é igual a zero ou não. Se a resultante é igual a zero, o sistema está em repouso ou em movimento uniforme; caso contrário, o sistema adquire uma aceleração dada pela Equação 3.2.

Quando o atrito não é desprezado, há uma força de atrito entre a superfície do corpo e a superfície sobre a qual ele está. O atrito gerado pelas superfícies depende do tipo de material e do movimento relativo entre as superfícies. Se há apenas uma tendência ao movimento entre as superfícies, ocorre o **atrito estático**; mas, se há movimento relativo entre as superfícies, acontece o **atrito cinemático**. Os módulos das forças de atrito estático e cinemático são dados, respectivamente, pelas expressões: $F_e \leq \mu^e \, N$ (Equação 3.3) e $F_c = \mu_c \, N$ (Equação 3.4), em que N é a força normal à superfície, e os coeficientes de atrito estático e cinemático são, respectivamente, $\mu_e$ e $\mu_c$, sendo $\mu_e > \mu_c$.

## Conecte-se

Entre os assuntos deste capítulo, destacam-se a construção do princípio de inércia, F = ma, o nascimento da lei dinâmica etc. Além desses estudos, você poderá ver de forma dinâmica e concreta esses conhecimentos nos simuladores indicados na internet. Para enriquecer e aprofundar os estudos, sugerimos a navegação e a leitura de conteúdos disponíveis em *sites* especializados, inclusive os da biblioteca digital de Cambridge, que disponibiliza os escritos originais de Isaac Newton, um dos maiores físicos de toda a história humana. Para finalizar, indicamos documentários sobre Isaac Newton.

### Leituras

BAPTISTA, J. P.; FERRACIOLI, L. A construção do princípio de inércia e do conceito de inércia material. Revista Brasileira de Ensino de Física, v. 22, n. 2, p. 272-280, jun. 2000. Disponível em: <http://www.sbfisica.org.br/rbef/pdf/v22_272.pdf>. Acesso em: 8 nov. 2016.

Nesse trabalho, comenta-se a construção do Princípio de Inércia, contendo os aportes dos principais pensadores do Renascimento até o alvorecer do século XX. Como uma questão inerentemente ligada a esse princípio, são também examinadas as principais teorias que tratam objetivamente da origem e natureza da inércia material. Além disso, é proposto um enfoque moderno do problema visando fornecer uma abordagem didática da questão.

DIAS, P. M. C. F = ma?!! O nascimento da lei dinâmica. **Revista Brasileira de Ensino de Física**, v. 28, n. 2, p. 205-234, 2006. Disponível em: <http://www.sbfisica.org.br/rbef/pdf/050706.pdf>. Acesso em: 8 nov. 2016.

Nesse artigo, faz-se uma revisão dos métodos de resolução de problemas dinâmicos usados antes das equações de Newton, escritas na forma diferencial e universalmente aceitas. Os argumentos que fundamentam essas soluções tornam inteligíveis equações que, de outra forma, permaneceriam misteriosas e frutos de um pensamento mágico.

PORTO, C. M.; PORTO, M. B. D. S. M. Galileu, Descartes e a elaboração do princípio da inércia. **Revista Brasileira de Ensino de Física**, v. 31, n. 4, p. 4601-4610, 2009. Disponível em: <http://www.sbfisica.org.br/rbef/pdf/314601.pdf>. Acesso em: 8 maio 2016.

Nesse trabalho, faz-se uma reconstituição histórica do desenvolvimento do princípio da inércia, apresentando as contribuições de diversos nomes da história da ciência e do pensamento, notadamente os de Galileu e de Descartes, ao complexo processo de sua elaboração. Comenta-se que o conceito de inércia nasceu intimamente ligado às transformações promovidas pela revolução astronômica e que as questões decorrentes da astronomia copernicana requereram o desenvolvimento de uma nova física. Mostra-se como essa nova ciência implicou a substituição da visão de mundo de Aristóteles, bem como de seu sistema filosófico, pela concepção de um universo mecanicista, completamente destituído de ideias de ordem e finalidade.

ZANETIC, J. Dos "Principia" da mecânica aos "Principia" de Newton. **Caderno Catarinense de Ensino de Física**, n. 5, p. 23-35, jun. 1998. Disponível em: <https://periodicos.ufsc.br/index.php/fisica/article/view/10072/9297>. Acesso em: 8 nov. 2016.

Nesse artigo, faz-se um esboço de alguns elementos históricos com o intuito de oferecer um pano de fundo útil para os cursos introdutórios de Mecânica, os quais limitam-se à apresentação e ao treinamento dos aspectos técnicos

## As leis de Newton

relacionados com as leis de Newton. Em síntese, esses cursos se baseiam na enunciação de suas leis, em suas relações matemáticas, na solução de problemas clássicos e em aplicações práticas, muitas vezes artificiosas. É claro que não se deve e não se pode menosprezar a importância desse procedimento; porém, sua exclusividade é danosa, limitada, pouco criativa e falsa no sentido cultural mais amplo que possa permitir uma compreensão do processo dinâmico da construção de teorias, sua aceitação e influência nos trabalhos que lhes sucedem.

### Vídeo

ISAAC NEWTON: a gravidade do gênio. Disponível em: <https://www.youtube.com/watch?v=BvAu6qY9ETQ>. Acesso em: 8 nov. 2016.

Documentário sobre a vida e a obra de Isaac Newton.

### Sites

CAMBRIDGE DIGITAL LIBRARY. **Newton Papers**. Disponível em: <http://cudl.lib.cam.ac.uk/collections/newton>. Acesso em: 8 nov. 2016.

Cambridge University Library detém a maior e mais importante coleção dos trabalhos científicos de Isaac Newton (1642-1727). Isso se deve ao fato de Newton ter ingressado em Cambridge, pois foi para a Universidade como estudante em 1661, graduando-se em 1665. De 1669 a 1701, ele ocupou a Cadeira Lucasian de Matemática. De acordo com os regulamentos para essa cadeira, Newton foi obrigado a depositar cópias de suas conferências na Biblioteca da Universidade.

### Simuladores

FENDT, W. **Experimento sobre a Segunda Lei de Newton**. 23 dez. 1997. Disponível em: <http://www.walter-fendt.de/ph14br/n2law_br.htm>. Acesso em: 8 nov. 2016.

Este *applet* Java simula uma esteira para experimentos com movimentos uniformemente acelerados (aceleração constante). É suposta uma aceleração gravitacional de 9,81 m/s$^2$.

FENDT, W. **Plano inclinado**. 11 mar. 2000. Disponível em: <http://www.walter-fendt.de/ph14br/inclplane_br.htm>. Acesso em: 8 nov. 2016.

Este *applet* Java demonstra um movimento com velocidade constante e as forças correspondentes.

GIAMBATTISTA. **Escada inclinada**. Disponível em: <http://www.mhhe.com/physsci/physical/giambattista/ladder/ladder.html>. Acesso em: 8 nov. 2016.

Faz a simulação com uma escada para diversos ângulos para verificar o equilíbrio.

GIAMBATTISTA. **Plano inclinado**. Disponível em: <http://www.mhhe.com/physsci/physical/giambattista/iplane/iplane.html>. Acesso em: 8 nov. 2016.

Faz a simulação do movimento de um corpo no plano com atrito para diversos ângulos.

KINETIC FRICTION. Halliday. Disponível em: <http://higheredbcs.wiley.com/legacy/college/halliday/0471758019/simulations/sim19/sim19.html>. Acesso em: 8 nov. 2016.

Possibilita a análise do movimento com atrito sobre uma superfície horizontal.

PHET. **Forças e movimento**. Disponível em: <https://phet.colorado.edu/pt/simulation/legacy/forces-and-motion-basics>. Acesso em: 8 nov. 2016.

PHET. **Plano inclinado**: forças e movimento. Disponível em: <https://phet.colorado.edu/pt/simulation/legacy/ramp-forces-and-motion>. Acesso em: 8 nov. 2016.

Possibilitam uma análise do movimento de um caixote empurrado sobre uma superfície horizontal com ou sem atrito (e num plano inclinado). A análise é realizada por meio de gráfico da velocidade, aceleração e forças atuantes sobre o caixote.

NEWTON'S CANNON ON A MOUNTAIN. Galileo, Physics, Virginia. Disponível em: <http://galileo.phys.virginia.edu/classes/109N/more_stuff/flashlets/NewtMtn/NewtMtn.html>. Acesso em: 8 nov. 2016.

O canhão está no topo de uma montanha imaginária muito acima da atmosfera. Para baixas velocidades, a bala de canhão não vai longe em relação ao tamanho da Terra e, por causa da gravidade, a trajetória é parabólica. Para velocidades mais elevadas, a bala vai longe o suficiente para que a direção da gravidade – sempre na direção do centro da Terra – provoque alterações na direção da velocidade, e o mesmo acontece com a trajetória da bala.

NEWTON'S FIRST LAW AND FRAMES OF REFERENCE. Halliday. Disponível em: <http://higheredbcs.wiley.com/legacy/college/halliday/0471758019/simulations/sim45/sim45.html>. Acesso em: 8 nov. 2016.

Pode-se verificar o movimento de dois corpos em relação ao sistema de referência conforme a Primeira Lei de Newton.

NEWTON'S SECOND LAW. Halliday. Disponível em: <http://higheredbcs.wiley.com/legacy/college/halliday/0471758019/simulations/sim17/sim17.html>. Acesso em: 8 nov. 2016.

Pode-se verificar a aplicação da Segunda Lei de Newton num corpo em que atuam uma ou duas forças.

STATIC FRICTION. Halliday. Disponível em: <http://higheredbcs.wiley.com/legacy/college/halliday/0471758019/simulations/sim18/sim18.html>. Acesso em: 8 nov. 2016.

Possibilita a análise do movimento com atrito sobre uma superfície horizontal.

## Atividades de autoavaliação

1. Um objeto encontra-se preso por um fio ao teto de um elevador que sobe com aceleração constante de 2 m/s². O fio é inextensível e de massa desprezível. A massa do objeto, em Kg, quando a tensão no fio tiver módulo de 41,3 N será igual a:

    a) 2,5.
    b) 2,8.
    c) 3,1.
    d) 3,4.
    e) 3,5.

2. Na figura a seguir, o conjunto move-se com uma velocidade constante e os coeficientes de atrito entre as superfícies dos blocos e o piso é 0,6. As massas dos blocos são $m_A = 2$ kg e $m_B = 4$ kg (considere g = 9,8 m/s²). Assinale a alternativa que corresponde, respectivamente, ao módulo de F e à força que o bloco A exerce sobre o bloco B.

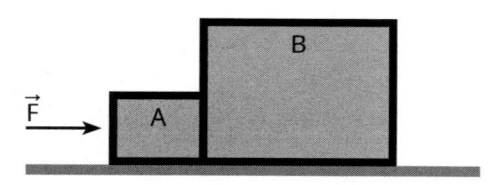

## As leis de Newton

a) 33,21 N e 25,32 N.
b) 35,28 N e 23,52 N.
c) 34,87 N e 26,30 N.
d) 37,20 N e 27,12 N.
e) 36,33 N e 26,25 N.

3. Uma cômoda de massa 120 kg, incluindo roupas e gavetas, é empurrada por uma pessoa, conforme mostra a figura a seguir. O coeficiente de atrito estático entre as superfícies é igual a 0,50 e a força aplicada pela pessoa tem direção horizontal. O menor valor da força para fazer a cômoda entrar em movimento é igual a: (considere g = 9,8 m/s²)

a) 521 N.
b) 532 N.
c) 548 N.
d) 562 N.
e) 588 N.

4. Uma atividade experimental consiste em medir os tempos de descida de um corpo sobre uma rampa com atrito e quando o atrito pode ser desconsiderado em ambos os casos, o movimento é acelerado e o corpo parte do repouso. Nessa atividade, verificou-se que o tempo de descida com atrito é duas vezes e meia o tempo de descida sem atrito. Ao considerar a inclinação da rampa igual a 45°, o coeficiente de atrito entre as superfícies da rampa e do corpo é igual a: (considere g = 9,8 m/s²)

a) 0,68.
b) 0,72.
c) 0,75.
d) 0,79.
e) 0,84.

Para responder às questões 5, 6 e 7, leia o texto a seguir:

Dois blocos A e B de massas 8 kg e 3 kg, respectivamente, estão presos por um fio de massa desprezível e inextensível. O coeficiente de atrito cinético entre as superfícies dos blocos e do plano é igual a 0,3 e a polia tem a função apenas de alterar a direção do fio que liga os blocos.

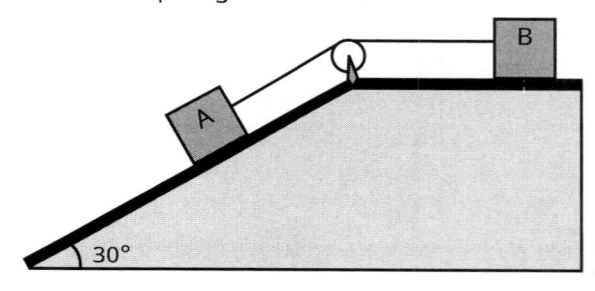

5. Assinale a alternativa que corresponde à aceleração do conjunto, em m/s².
a) 0,50.
b) 0,62;
c) 0,71.
d) 0,82.
e) 0,91.

6. Assinale a alternativa que corresponde à tensão no fio entre os blocos, em N.
   a) 11,55.
   b) 12,31.
   c) 13,45.
   d) 15,10.
   e) 16,67.

7. Assinale a alternativa que corresponde, aproximadamente, à força resultante na direção do movimento, em N.
   a) 8,0.
   b) 9,0.
   c) 10,0.
   d) 11,0.
   e) 12,0.

Para responder às questões 8, 9 e 10, leia o texto a seguir:

Um conjunto de blocos possui uma aceleração de 0,65 m/s² e as massas são $m_A$ = 2 kg, $m_B$ = 1 kg e $m_C$ =1,5 kg. O fio é inextensível e as massas do fio e da polia podem ser desprezadas. (g = 9,8 m/s²)

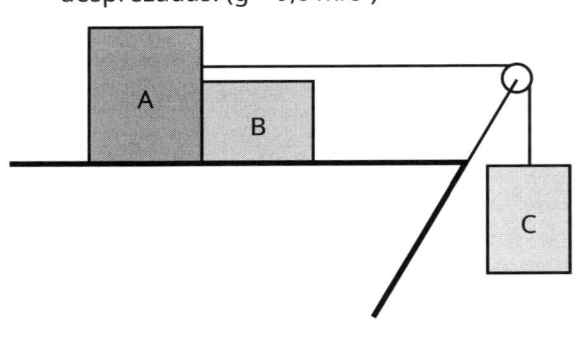

8. Assinale a alternativa que corresponde ao coeficiente de atrito entre os blocos e a superfície.
   a) 0,2.
   b) 0,3.
   c) 0,4.
   d) 0,5
   e) 0,6.

9. Assinale a alternativa que corresponde à tração no fio, em N.
   a) 11,12.
   b) 12,56.
   c) 13,71.
   d) 14,15.
   e) 15,89.

10. Assinale a alternativa que corresponde à força que o bloco A exerce sobre o bloco B, em N.
    a) 4,57.
    b) 6,31.
    c) 7,45.
    d) 8,12.
    e) 9,12.

## Atividades de aprendizagem

### Questão para reflexão

1. Quatro blocos são puxados com uma força F numa superfície horizontal sem atrito.

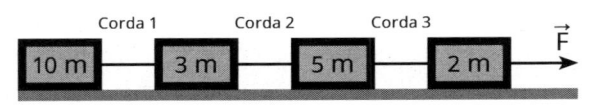

   a) Quais corpos são acelerados pela força F, pela corda 1, pela corda 2 e pela corda 3?
   b) Escreva, em ordem crescente, os valores dos módulos das tensões nas cordas.

# As leis de Newton

## Atividade aplicada: prática

1. Para exemplificar a aplicação do princípio da inércia, realize o seguinte experimento: durante o deslocamento no interior do metrô (carro, ônibus ou avião) com velocidade constante, lance verticalmente para cima uma moeda e observe que ela cai em sua mão. Explique por que a moeda não cai atrás de você, pois você e o metrô (carro, ônibus ou avião) estão em movimento.

# 4.
## Energia e trabalho

# Energia e trabalho

Nos capítulos anteriores, as discussões e os problemas de física levaram em consideração as formulações conceituais sobre os movimentos uniformes, os uniformemente variados e os variados, ou seja, aqueles com velocidade constante ou com aceleração constante ou até com aceleração variável. Nessas discussões e formulações sobre os movimentos, mencionamos as leis de Newton, que não só fundamentam os estudos, mas também consistem no núcleo teórico de toda a mecânica newtoniana. Assim, os problemas foram analisados e resolvidos de forma dinâmica, pois levamos em conta a causa das alterações dos estados de movimentos dos corpos ou sistemas.

Neste capítulo, trataremos do trabalho e das energias inerentes aos fenômenos físicos que envolvem forças e velocidades associadas à massa de um corpo. Devemos destacar que levar um corpo ao movimento a partir do repouso ou pará-lo quando este está em movimento demanda um esforço físico, designado como *trabalho* e, ao mesmo tempo, um ganho de energia, denominado *energia mecânica*. Outro aspecto que salientamos são as transformações das energias e sua respectiva conservação, como acontece, por exemplo, com um corpo ao ser abandonado de certa altura ou que esteja associado a uma mola comprimida ou estendida.

## 4.1 Trabalho realizado por uma força

A noção de *trabalho* geralmente disseminada está relacionada a uma atividade remunerada por demandar um esforço físico ou mental. De qualquer modo, para executar esses tipos de trabalho, precisamos de energia, por isso é que nos cansamos.

Na física, a ideia de trabalho não é a mesma do senso comum, porém pode ser semelhante em alguns aspectos. Especificamente, o conceito físico de trabalho leva em consideração a força aplicada ao corpo e o deslocamento gerado. Portanto, o conceito físico de trabalho está intimamente relacionado a duas grandezas vetoriais: o vetor força e o vetor deslocamento.

### 4.1.1 Trabalho realizado por uma força $\vec{F}$

Observe a Figura 4.1.

Figura 4.1
Força F aplicada ao bloco de massa m

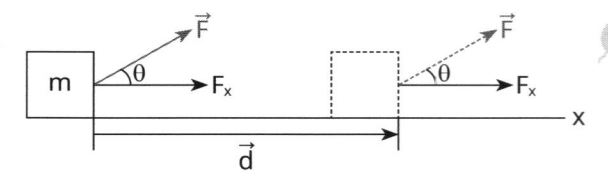

O bloco sofre um deslocamento $\vec{d}$ quando uma força $\vec{F}$ constante é aplicada na direção indicada pelo ângulo θ. A força $\vec{F}$, ao atuar na direção θ, produz duas componentes: uma paralela à direção do movimento $F_x$ e outra perpendicular à direção do movimento que efetivamente não contribui para a realização do trabalho. Essa força perpendicular não contribui para realizar trabalho porque não há deslocamento nessa direção, logo, podemos perceber que há uma relação direta entre **trabalho**, **força** e **deslocamento**. Ou seja, só há a realização de trabalho se a força aplicada ao corpo produzir deslocamento na direção dessa força. Por exemplo, mesmo que ocorra um desgaste físico por realizar um esforço como o da Figura 4.2, não há realização de trabalho, pois, não há deslocamento da parede.

Figura 4.2
Empurrando a parede

No caso do bloco mostrado na Figura 4.1, o trabalho, portanto, pode ser entendido como o resultado da ação da força aplicada ao corpo quando se produz um deslocamento – esta deve ser a força resultante que atua sobre o corpo na direção do deslocamento. Também devemos destacar que o corpo foi deslocado mediante uma parcela de energia e que essa energia, se desprezado o atrito, foi transferida ao corpo na forma de **energia cinética** (que será abordada mais adiante). Por conseguinte, o conceito de trabalho envolve a transferência de energia para o corpo ou de um corpo mediante a ação de uma força aplicada a ele. Assim, o trabalho pode ser compreendido como um meio pelo qual se transforma um tipo de energia em energia cinética ou energia potencial e vice-versa: podemos afirmar, então, que o trabalho é o processo pelo qual se dá essa **transferência de energia**.

> Trabalho (W) é a energia transferida para um corpo (ou de um corpo) por meio de uma força. Quando a energia é transferida para o corpo, o trabalho é positivo; quando a energia é transferida do corpo, o trabalho é negativo.

Ainda com base na Figura 4.1 e ao considerar que a força $\vec{F}$ tem módulo constante formando um ângulo θ com a direção horizontal, o trabalho realizado pela força $\vec{F}$ é

$$W = F \cos\theta \, d \quad \text{(Equação 4.1)}$$

Como o segundo termo da equação corresponde ao produto escalar, podemos escrever a Equação 4.1 da seguinte forma:

$$W = \vec{F} \cdot \vec{d} \quad \text{(Equação 4.2)}$$

No cálculo do trabalho realizado pela força $\vec{F}$, o cosseno do ângulo θ pode assumir valores compreendidos entre +1 e –1. De tal modo, esse trabalho pode ser:

- **positivo**: se 0° < θ < 90°. A Figura 4.3, a seguir, ilustra essa situação e a componente $F_x$ atua na mesma direção e sentido do vetor deslocamento $\vec{d}$.

# Energia e trabalho

**Figura 4.3**
Força F com θ < 90°

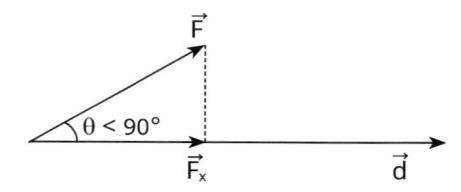

- **nulo**: se θ = 90°. Na Figura 4.4, $F_x$ é nula e a força $\vec{F}$ não realiza trabalho – nesse caso, $\vec{F}$ também não é suficiente para elevar o corpo de sua posição original.

**Figura 4.4**
Força F com θ = 90°

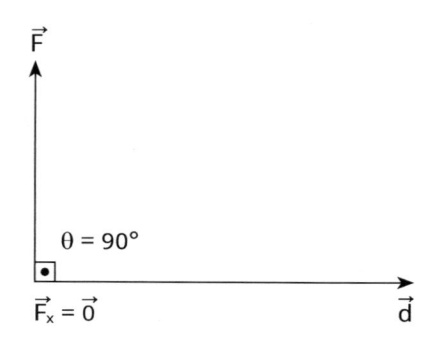

- **negativo**: se 90° < θ < 180°. Podemos observar, na Figura 4.5, que a componente Fx atua na mesma direção, mas no sentido contrário, do vetor deslocamento $\vec{d}$.

**Figura 4.5**
Força F com θ > 90°

A unidade de trabalho é o joule (J), que pode corresponder ao trabalho realizado por uma força de 1 newton (N), ao atuar na mesma direção e sentido que o vetor deslocamento $\vec{d}$, e deslocar o corpo por 1 metro (m).

### Exemplo 4.1

Um bloco de massa 5 kg é deslocado de uma posição A até uma posição B, por meio da ação de diversas forças, conforme ilustra a Figura 4.6. Considere os módulos das forças F = 75 N e $f_{at}$ = 10 N, a distância percorrida de d = 15 m, θ = 30° e g = 9,8 m/s².

Determine:

a. o trabalho realizado por cada uma das foças;
b. o trabalho da força resultante.

Figura 4.6
Diversas forças atuando sobre o bloco

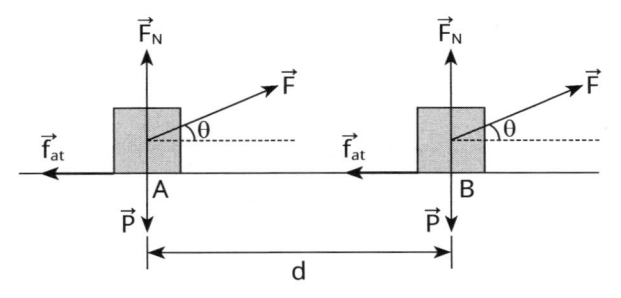

Solução:

O trabalho realizado por cada força constante é dado por: $W = F \cos \theta \, d$, em que F representa o módulo da força F, $F_N$, P e $f_{at}$. Assim, para a força F, o trabalho é: $W_F = 75 \cdot 15 \cdot \cos 30° = 974{,}3$ J; para $f_{at}$, $W_{fat} = 10 \cdot 15 \cdot \cos 180° = -150$ J; para P, $W_P = P \, d \cos 90° = 0$; para $F_N$ também é zero, pois o ângulo é 90°.

O trabalho da força resultante é $W_{FR} = F_R \, d \cos \theta$, em que $F_R$ é a força resultante na direção dado pelo vetor deslocamento. O ângulo formado entre $F_R$ e o vetor deslocamento é 0°. A força resultante na direção perpendicular ao movimento é zero, pois essa força não é suficiente para elevar o corpo de sua posição original; e o módulo de $F_R$ na direção do movimento é dado por: $F_R = F \cos \theta - f_{at} = 75 \cos 30° - 10 \approx 55$ N, logo o trabalho é $W_{FR} = 55 \cdot 15 \cdot \cos 0° = 825$ J.

## 4.1.2 Trabalho realizado pela força gravitacional (a força peso)

Quando um objeto de massa m é movimentado na direção e no sentido dado pelo vetor deslocamento, conforme ilustra a Figura 4.7, o trabalho realizado pela força gravitacional é negativo. Nesse caso, como a força gravitacional pode ser considerada constante, o trabalho derivado da força $\vec{F}$ é dado pela Equação 4.2, em que a força $\vec{F}$ corresponde à força peso $\vec{P}$. Assim,

$W_g = \vec{P} \cdot \vec{d} = P \, d \cos 180° = -m g d$ (Equação 4.3)

## Energia e trabalho

**Figura 4.7**
Força peso P

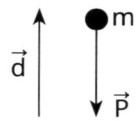

Se o corpo estiver descendo, conforme mostra a Figura 4.7, o vetor deslocamento tem o mesmo sentido da força peso e o trabalho realizado por essa força é positivo. Isso pode ser representado da seguinte forma:

$$W_g = \vec{P} \cdot \vec{d} = P\, d \cos 0° = + m g d$$

(Equação 4.4)

Com base na definição de trabalho dada pela Equação 4.1, o trabalho realizado pela força gravitacional que corresponde ao peso P do corpo P = mg é dado por

$$W_g = m g d \cos \theta \qquad \text{(Equação 4.5)}$$

em que m é a massa do corpo, g é a aceleração da gravidade local, d é a distância percorrida pelo corpo e θ corresponde ao ângulo entre os vetores deslocamento e força gravitacional.

### Exemplo 4.2

Uma esfera de massa 500 g está presa à extremidade de um fio de massa desprezível e inextensível, conforme mostra a Figura 4.8. O fio tem um comprimento de 70 cm. Considerando g = 9,8 m/s², calcule o trabalho realizado pela tração e o trabalho realizado pelo peso da esfera.

**Figura 4.8**
Esfera presa a um fio

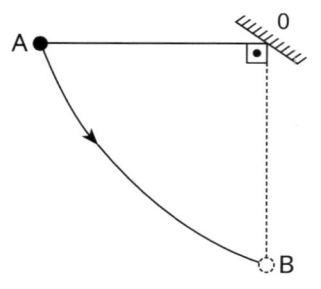

Solução:

O trabalho realizado pela tração no fio é zero, pois a força tração forma um ângulo de 90° com a direção do movimento em cada ponto da trajetória.

O trabalho realizado pela força peso só depende da altura da posição inicial: se o corpo realiza um movimento de descida, o trabalho é dado por $W_g = m g d$, em que d é igual ao comprimento do fio. Assim, $W_g = 0,5 \cdot 9,8 \cdot 0,7 = 3,4$ J.

### 4.1.3 Trabalho realizado por uma força variável

Na Figura 4.9, a força $\vec{F}$ atua no corpo numa direção que forma um ângulo θ, fixo, com a direção do movimento, porém seu módulo não é constante. Isto é, a intensidade da força F(x) varia em relação à posição do corpo entre x e $x_0$. A força que realiza trabalho sobre o corpo atua na direção do vetor deslocamento e corresponde à componente $F_x$, que é paralela a essa direção, e a componente que varia na direção perpendicular à direção do movimento não produz o trabalho W.

Figura 4.9
Força F aplicada ao bloco de massa m

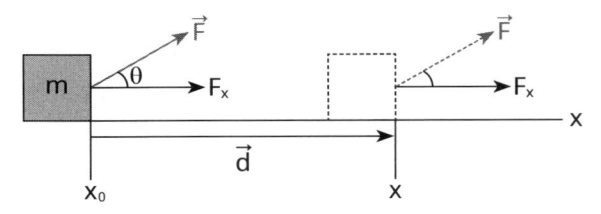

O Gráfico 4.1 corresponde ao de uma força que varia em relação à posição. Essa força atua em dada direção que forma um ângulo θ com o eixo x. Precisamos calcular o trabalho realizado por essa força, mas não podemos utilizar a Equação 4.2, $W = \vec{F} \cdot \vec{d}$, pois só é válida para forças constantes.

Gráfico 4.1
Força variável

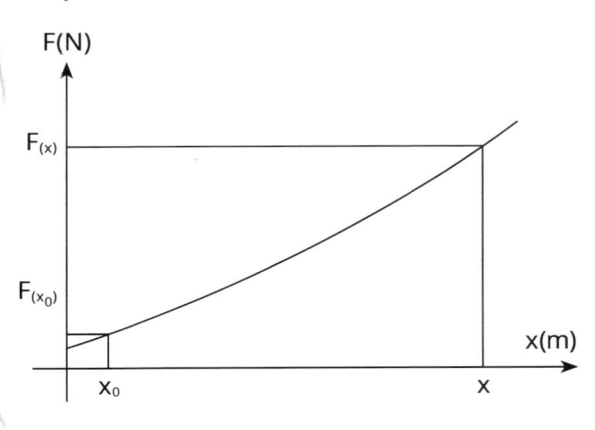

No caso da força variável, como a do Gráfico 4.1, devemos utilizar artifícios do cálculo matemático para obter uma expressão que possibilite encontrar o módulo do trabalho realizado por uma força variável. Dividiremos, então, a região do gráfico sob a curva em vários pequenos retângulos de largura $\Delta x$, suficientemente pequenos de modo a considerar F(x) aproximadamente constante nesse intervalo. Esse valor aproximadamente constante da força pode ser representado por $F_{i\,med}$, que corresponde ao valor médio de F(x) no intervalo $\Delta x$ e representa a altura do pequeno retângulo de ordem i, conforme mostra o Gráfico 4.2 a seguir.

Com base nessas considerações, o trabalho realizado pela força média ($F_{i\,med}$) no intervalo considerado ($\Delta x$) corresponde ao incremento $\Delta W_i$ e é dado por:

$$\Delta W_i = F_{i\,med}\,\Delta x \qquad \text{(Equação 4.6)}$$

Gráfico 4.2
Força variável

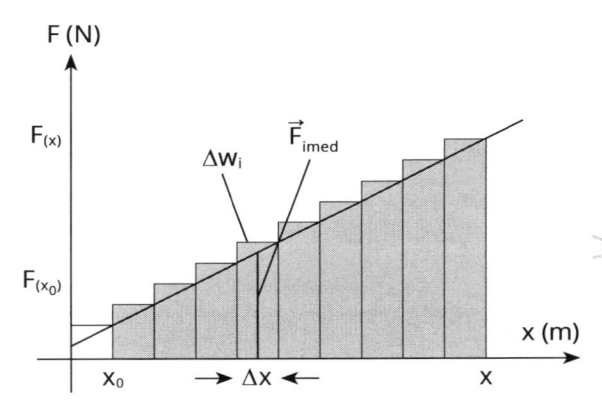

No Gráfico 4.2, o trabalho infinitesimal ($\Delta W_i$) é a área do retângulo de largura $\Delta x$ e altura $F_{i_{med}}$. No entanto, para obtermos o trabalho total realizado pela força $\vec{F}$, devemos somar as áreas de todos os retângulos entre as posições $x_0$ e $x$ para obtermos uma aproximação desse valor.

$$W \approx \Sigma_i\,\Delta W_i = \Sigma_i\,F_{i\,med}\,\Delta x \qquad \text{(Equação 4.7)}$$

A aproximação se deve à área dos retângulos que fica na parte superior da curva, pois essa contribuição excede o valor do trabalho realizado pela força $\vec{F}$. No entanto, se reduzirmos a largura dos retângulos a ponto de $\Delta x$ tender a zero e, ao mesmo tempo, aumentarmos o número de retângulos para uma quantidade infinitamente grande, teremos um valor exato para o trabalho W realizado pela força $\vec{F}$. Esse valor corresponde à expressão

$$W = \lim_{\Delta x \to 0} \sum_i F_{i\,med} \Delta x \quad \text{(Equação 4.8)}$$

A Equação 4.8 corresponde à definição da integral da função F(x) entre os limites $x_0$ e x, ou seja,

$$W = \int_{x_0}^{x} F_{(x)}\, dx \quad \text{(Equação 4.9)}$$

Da mesma forma, o trabalho realizado por uma força variável é numericamente igual à área sob a curva F(x) e limitado pelo eixo x e pelos pontos $x_0$ e x. O Gráfico 4.3 mostra a área que corresponde ao trabalho realizado pela força $\vec{F}$.

Gráfico 4.3
Força variável

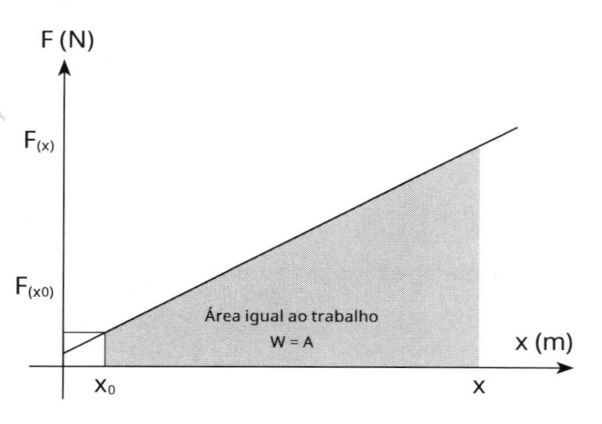

### Exemplo 4.3

Uma esfera de massa m encontra-se presa a um fio, de massa desprezível e inextensível, fixado num teto. A força F horizontal e variável puxa a esfera a partir da posição vertical até formar um ângulo θ, conforme mostra a Figura 4.10. A ação da força F é gradativa de modo que, em cada ponto da trajetória, a esfera se encontra em equilíbrio. Determine o trabalho realizado pela força F.

Figura 4.10
Esfera presa ao fio fixado no teto

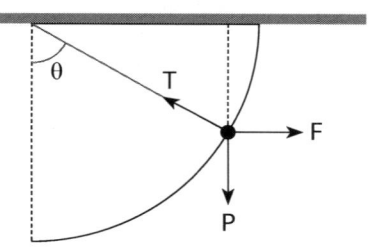

### Solução:

O trabalho realizado pela força $\vec{F}$ será dado por $W = \int_{x_1}^{x_2} \vec{F} \cdot d\vec{x} = \int_{x_1}^{x_2} F \cos\theta\, \Delta dx$, em que dx é o vetor deslocamento da esfera na direção do movimento, e θ, o ângulo entre a força $\vec{F}$ e a direção do movimento. A direção do movimento é tangente à trajetória no ponto em que está a esfera, e o deslocamento dx corresponde ao elemento infinitesimal do arco s. Como o ângulo θ é variável, devemos resolver a integral em função desse ângulo.

Assim, precisamos estabelecer uma relação entre dx e $\theta$, que é dada por s = R $\theta$, logo dx = R d $\theta$, sendo R constante. Fazendo a substituição na equação da integral, temos: W = $\int_0^y$ F cos $\theta$ Rd$\theta$ (a), e os limites de integração $x_1$ e $x_2$, substituídos pelos limites angulares $\theta_0$ = 0° e $\theta$.

A força $\vec{F}$ é variável e seu módulo é dado pela expressão F = T sen $\theta$, pois a força resultante na direção de F é igual a zero. Do mesmo modo, a resultante das forças na direção vertical também é zero e o peso P é dado por P = T cos $\theta$ → T = $\frac{P}{\cos\theta}$ = $\frac{mg}{\cos\theta}$ (c) , em que m é a massa do corpo, e g, a aceleração da gravidade. Substituindo a equação (c) em (b), temos: F = m · g · tg $\theta$ (d), e essa equação na expressão (a): W = $\int_0^\theta$ m · g · tg $\theta$ · cos $\theta$ · Rd $\theta$ = R $\int_0^\theta$ m · g · sen $\theta$ d $\theta$. Resolvendo-a, encontramos W = R m g (–cos $\theta$) $\int_0^\theta$ → W = R m g(1 – cos $\theta$).

### 4.1.4 Trabalho realizado por uma força elástica

Um tipo de força variável comum é a força elástica, que ocorre numa mola, por exemplo. Essa força F(x) é função da posição do corpo e, para pequenos deslocamentos, obedece à Lei de Hooke, dada por:

$\vec{F} = - k\vec{d}$ (Equação 4.10)

em que $\vec{F}$ é a força elástica, k é a constante da mola e $\vec{d}$ é o vetor deslocamento.

Figura 4.11
Sistema massa-mola

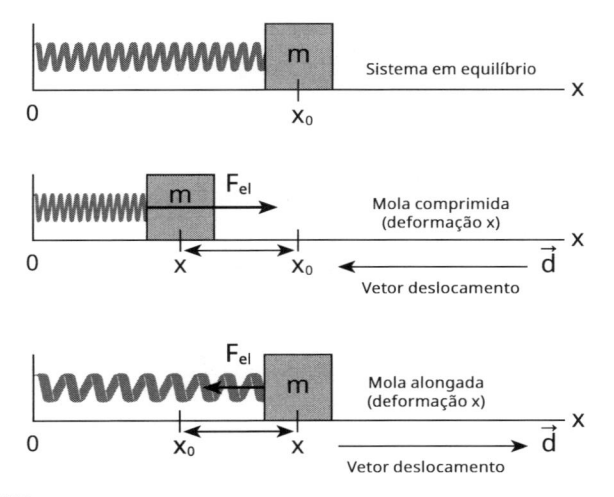

Fonte: Os Fundamentos da Física, 2016

# Energia e trabalho

Na Figura 4.11, há um bloco de massa m sobre uma superfície horizontal sem atrito, preso a uma mola que se encontra fixa na parede. Observe que a força $\vec{F}$ e o vetor deslocamento $\vec{d}$ têm sentidos contrários, ou seja, quando a mola está sendo comprimida, o vetor deslocamento $\vec{d}$ está apontado no sentido negativo do eixo x e a força $\vec{F}$ aplicada pela mola aponta no sentido positivo desse eixo. Mas, se o bloco for puxado, a mola aplica uma força no sentido negativo do eixo e o vetor deslocamento tem o sentido contrário. Portanto, a força elástica da mola é uma força restauradora, pois atua sempre no sentido contrário ao do deslocamento.

O trabalho realizado pela força elástica $\vec{F}$ pode ser obtido por meio da equação:

$W = \int_{x_0}^{x} F(x)\,dx$,

em que as posições $x_0$ e $x$ são os limites do deslocamento da mola ao ser comprimida ou estendida. Assim,

$$W = \int_{x_0}^{x} -kx\,dx \rightarrow W = \left(-\frac{1}{2}kx^2\right) \rightarrow W = \frac{1}{2}k(x_0^2 - x^2) \qquad \text{(Equação 4.11)}$$

O trabalho W pode ser positivo ou negativo. Isso em razão de a transferência de energia ser da mola para o bloco ou do bloco para a mola.

Portanto, se a posição final x do bloco for menor que a posição inicial $x_0$, o trabalho será positivo e a mola estará comprimida. Quando a posição final x for maior que a posição inicial $x_0$, o trabalho será negativo e a mola estará estendida.

## 4.2 Potência

A realização de trabalho por uma força variável ou constante não engloba o tempo no qual esse trabalho foi realizado. Ao considerarmos a taxa de variação com o tempo ($\Delta t$) do trabalho realizado por uma força (W), encontramos outra grandeza física, denominada *potência*. Desse modo, a taxa de realização de trabalho num intervalo $\Delta t$ corresponde à potência média dada por:

$$P_{med} = \frac{W}{\Delta t} \qquad \text{(Equação 4.12)}$$

Quando a força e o tempo são dados, respectivamente, em N e m, a potência é dada em watt (W).

A potência instantânea é obtida pela derivada do trabalho em relação ao tempo:

$$P = \frac{dW}{dt} \qquad \text{(Equação 4.13)}$$

Entretanto, é necessário sabermos como o trabalho realizado pela força varia em relação ao tempo. Caso o trabalho realizado não dependa do tempo, a potência obtida é a potência média.

O trabalho diferencial dW da Equação 4.13 para o caso de uma força constante $\vec{F}$, que forma um ângulo θ com a direção do movimento (veja Figura 4.12), é igual a:

$$dW = F \cos θ \, dx \quad \text{(Equação 4.14)}$$

em que $F \cos θ$ é a componente que atua na direção do movimento ($F_x = F \cos θ$). Substituindo essa Equação em 4.13, temos:

$$P = \frac{F\cos θ \, dx}{dt} = F \cos θ \frac{dx}{dt} \rightarrow P = F \cos v$$

$$\text{(Equação 4.15a)}$$

ou $P = \vec{F} \cdot \vec{v}$ (Equação 4.15b)

que também corresponde à potência instantânea do corpo em dado instante t.

Figura 4.12
Força F atuando sobre um corpo com velocidade $v_0$

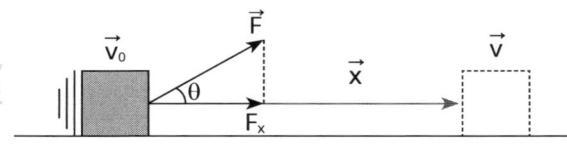

### Exemplo 4.4

Os motores de um avião a jato desenvolvem uma força de 1 000 kgf, quando a aeronave está a uma velocidade de 1 000 km/h. Determine a potência do motor desse avião em horse-power (hp) ou cavalo-vapor (cv), que é uma unidade de medida de potência não reconhecida no Sistema Internacional de Unidades. 1 hp = 745,7 W.

Solução:

Antes de aplicarmos a Equação 4.15, devemos verificar os fatores de conversão de unidades da velocidade, força e potência (W e hp) para o Sistema Internacional. Assim, para a velocidade, $v = 1\,000 \frac{km}{h} \frac{1\,000\,m}{km} \frac{1\,h}{3\,600\,s} = \frac{1\,000\frac{1}{3,6}m}{s} = 277,8$ m/s ; para a força $F = 1\,000$ kgf $\frac{9,8\,N}{1\,kgf}$ 98 000 N. A potência será P = 98 000 · 277,8 = 2 722 440 W. Assim, transformando o resultado em hp, temos: P = 2 722 440 W $\frac{1\,hp}{745,7\,W}$ = 3 651 hp.

## 4.3 Trabalho e energia cinética

O conceito de trabalho, já definido nas seções anteriores, diz respeito a uma força aplicada a um corpo que sofre um deslocamento. O significado físico do trabalho realizado é que certa quantidade de energia foi transformada em outra forma de energia, como energia cinética ou potencial ou energia térmica. O fato é que o trabalho está intimamente relacionado a um processo de transformação de energia, que pode diminuir ou aumentar a energia do corpo ou sistema. Em suma, as transformações de energias num contexto físico macroscópico ocorrem mediante a ação do trabalho. A seguir, comentaremos uma dessas relações, entre trabalho e energia cinética.

## 4.3.1 Energia cinética

A energia de um corpo associada a seu estado de movimento é denominada *energia cinética* (K) e é representada com a unidade joule (J) – o trabalho corresponde à mesma unidade de medida no S.I. A energia cinética é tanto maior quanto mais massa (m) tiver o corpo e maior for sua velocidade ($\vec{v}$). Dessa forma, essa energia é função da massa (m) e da velocidade ($\vec{v}$) do corpo que, medida em relação a um referencial, é dada por:

$$K = \frac{1}{2}mv^2 \qquad \text{(Equação 4.16)}$$

A Figura 4.13 representa um corpo de massa m, velocidade $\vec{v}$ e energia cinética K.

Figura 4.13
Corpo de massa m e velocidade v

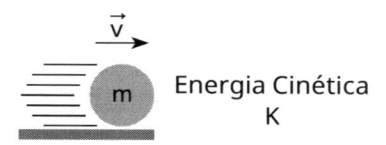

## 4.3.2 Teorema do trabalho e energia cinética

Consideremos um corpo de massa m e velocidade inicial $\vec{v}_0$, quando sobre ele atua uma força $\vec{F}$ de módulo constante, formando um ângulo θ com a direção horizontal, conforme mostra a Figura 4.14. Após percorrer uma distância d, a força $\vec{F}$ realiza trabalho positivo sobre o corpo e este adquire uma velocidade $\vec{v}$, logo, o trabalho realizado sobre o corpo aumenta sua energia cinética. Assim, com base na figura, devemos encontrar uma relação entre o trabalho realizado sobre o corpo e a variação de sua energia cinética.

Figura 4.14
Força F modifica a velocidade do corpo de massa m

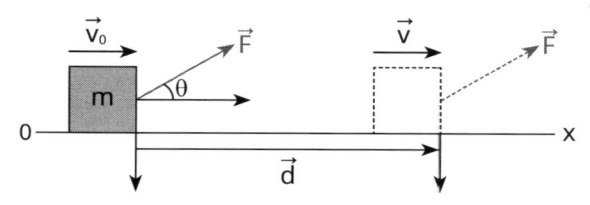

Durante o percurso da distância d, o corpo foi submetido a uma aceleração constante ($a_x$), passando a ter uma velocidade v no final do percurso. De acordo com a Segunda Lei de Newton, a aceleração do corpo é dada por:

$$a_x = \frac{F_x}{m} \qquad \text{(Equação 4.17)}$$

em que $F_x$ é a força paralela à direção do movimento, e m, a massa do corpo. Com essa aceleração, o corpo adquire uma velocidade v dada por:

$$v^2 = v_0^2 + 2a_x d \qquad \text{(Equação 4.18)}$$

em que v e $v_0$ são as velocidades final e inicial e d é a distância percorrida. Substituindo a Equação 4.17 em 4.18 e rearranjando os termos, temos

$$\frac{1}{2}mv^2 - \frac{1}{2}mv_0^2 = F_x d \qquad \text{(Equação 4.19)}$$

em que o primeiro membro corresponde ao aumento da energia cinética alterada pela força $\vec{F}$; e o segundo, à quantidade que foi alterada. Ou seja, W = $\vec{F} \cdot \vec{d}$ (Equação 4.2) é o trabalho realizado pela força $\vec{F}$ e o primeiro membro da Equação 4.19 é a variação da energia cinética

$\Delta K$, em que é a energia cinética final e a energia cinética inicial.

$$K_0 = \frac{1}{2} mv_0^2 \qquad \text{(Equação 4.20)}$$

Assim, o teorema do trabalho e energia cinética pode ser enunciado da seguinte forma:

> O trabalho da resultante das forças exercidas sobre um corpo é igual à variação da energia cinética sofrida por esse corpo. Ou, de outro modo:
>
> $$W = \Delta K \qquad \text{(Equação 4.21)}$$

### Exemplo 4.5

Uma caixa de massa m é lançada sobre uma superfície lisa sem atrito, com velocidade $\vec{v}_0$, quando atinge uma mola distendida e de constante elástica k. A mola é comprimida por uma distância d, realizando trabalho sobre a caixa e fazendo-a parar após percorrer essa distância. Determine a velocidade inicial da caixa em função dos parâmetros fornecidos.

Figura 4.15
Sistema massa-mola

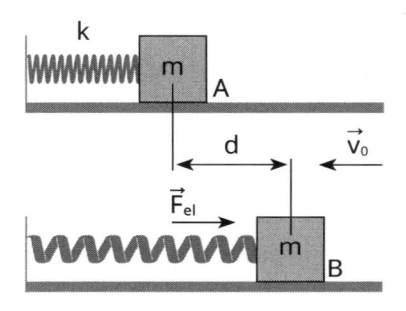

### Solução:

O trabalho realizado pela força elástica sobre a caixa é dado pela equação $W = \frac{1}{2} k(x_0^2 - x^2)$, em que $x_0$ corresponde à posição onde a mola está distendida e x é a posição em que a caixa para. Fazemos, então $x_0 = 0$ e $x = d$. Assim, $W = -\frac{1}{2} kd^2$. Pelo teorema do trabalho energia, $W = \Delta K = K - K_0$, em que a energia cinética final da caixa é zero, pois esta para na posição $x = d$; a inicial é dada por $K_0 = \frac{1}{2} mv_0^2$; e o trabalho, por $W = -\frac{1}{2} mv_0^2$. Igualando as duas expressões do trabalho, temos: $-\frac{1}{2} kd^2 = -\frac{1}{2} mv_0^2$. Isolando $v_0$, encontramos $v_0 = d\sqrt{\frac{k}{m}}$.

## Síntese

Neste capítulo, foram estudados os conceitos de trabalho (W) realizado por uma força $\vec{F}$ e de energia mecânica, sendo esta constituída de energia potencial e cinética. No caso do trabalho realizado por uma força $\vec{F}$, este corresponde à energia transferida para um corpo (ou de um corpo) por meio de uma força. Quando a energia é transferida para o corpo, o trabalho é positivo; quando a energia é transferida do corpo, o trabalho é negativo. Se a força $\vec{F}$ tem módulo constante formando um ângulo θ com a direção horizontal, o trabalho realizado pela força $\vec{F}$ é dado por $W = F \cos θ\, d$ (Equação 4.1), em que o cosseno do ângulo θ pode assumir valores compreendidos entre +1 e −1.

# Energia e trabalho

Portanto, esse trabalho pode ser: positivo, se $0° < θ < 90°$; nulo, se $θ = 90°$; ou negativo, se $90° < θ < 180°$.

A força gravitacional pode realizar trabalho sobre um objeto ou corpo de massa m; dependendo da direção e do sentido dado pelo vetor deslocamento, esse trabalho pode ser positivo ou negativo. Se o corpo estiver subindo, como a força gravitacional pode ser considerada constante, o trabalho gerado por essa força é dado pela Equação 4.2, em que a força $\vec{F}$ corresponde à força peso $\vec{P}$. Assim, $W_g = \vec{P} \cdot \vec{d} = P\,d \cos 180° = -m\,g\,d$. Entretanto, se o corpo estiver descendo, o vetor deslocamento terá o mesmo sentido da força peso e o trabalho realizado por essa força será positivo. Ou seja, $W_g = \vec{P} \cdot \vec{d} = P\,d \cos 0° = +m\,g\,d$ (Equação 4.4).

O trabalho realizado pela força elástica $\vec{F}$ pode ser obtido por meio da Equação 4.9 – $W = \int_{x_0}^{x} F(x)dx$, em que as posições $x_0$ e $x$ são os limites do deslocamento da mola ao ser comprimida ou estendida. Assim, $W = \int_{x_0}^{x} -kx\,dx \rightarrow W = \left(-\frac{1}{2}kx^2\right)_{x_0}^{x} \rightarrow W = \frac{1}{2}k(x_0^2 - x^2)$ (Equação 4.11) e o trabalho W poderá ser positivo ou negativo. Isso em razão de a transferência de energia ser da mola para o bloco ou do bloco para a mola. Portanto, se a posição final x do bloco é menor que a posição inicial $x_0$, o trabalho é positivo e a mola estará comprimida. Quando a posição final x é maior que a posição inicial $x_0$, o trabalho é negativo e a mola está estendida.

A realização de trabalho por uma força variável ou constante não mensura o tempo no qual esse trabalho foi realizado. Ao considerarmos a taxa de variação com o tempo ($\Delta t$) do trabalho realizado por uma força (W), temos outra grandeza física, denominada *potência*. Desse modo, a taxa de realização de trabalho num intervalo corresponde à potência média dada por: $P_{med} = \frac{W}{\Delta t}$ (Equação 4.12).

Quando a força e o tempo são dados, respectivamente, em N e m, a potência é dada em watt (W).

A potência instantânea é dada pela derivada do trabalho em relação ao tempo, ou seja, $P = \frac{W}{\Delta t}$, é será necessário saber como o trabalho realizado pela força varia em relação ao tempo. Caso o trabalho realizado não dependa do tempo, a potência obtida é a potência média.

O trabalho diferencial (dW) da Equação 4.13 para o caso de uma força constante $\vec{F}$, que forma um ângulo θ com a direção do movimento (vide Figura 4.12), é igual a: $dW = F \cos θ\,dx$, em que $F \cos θ$ é a componente que atua na direção do movimento ($F_x = F \cos θ$). Substituindo essa expressão na Equação 4.13, temos $P = \frac{F \cos θ\,dx}{dt} = F \cos θ \frac{dx}{dt} \rightarrow P = F \cos θ\,v$ (Equação 4.15a) ou $P = \vec{F} \cdot \vec{v}$ (Equação 4.15b), que também corresponde à potência instantânea do corpo em dado instante t.

A energia de um corpo associada a seu estado de movimento é denominada *energia cinética* (K) e é representada com a unidade joule (J) – assim como o trabalho, a energia cinética também corresponde à mesma unidade de medida no S.I. A energia cinética é tanto maior quanto mais massa (m) tiver o corpo e maior for sua velocidade ($\vec{v}$). Portanto, essa energia é função da massa (m) e da velocidade ($\vec{v}$) do corpo, que, medida em relação a um referencial, é dada por: $K = \frac{1}{2}mv^2$ (Equação 4.16).

A relação entre trabalho e energia cinética pode ser obtida por meio do teorema do trabalho e energia cinética, que pode ser enunciado da seguinte forma: O trabalho da resultante das forças exercidas sobre um corpo é igual à variação da energia cinética sofrida por esse corpo. Ou, de outro modo: $W = \Delta K$ (Equação 4.21).

## Conecte-se

Os recursos didáticos para maior aprofundamento do conteúdo são indicados a seguir na forma de atividades diversificadas, como leituras, documentários e simuladores. Em relação à leitura, sugerimos um artigo sobre a polêmica entre Leibniz e os cartesianos, mas você também pode conhecer um pouco mais sobre a história da energia ao assistir ao documentário *A história da energia*. Finalmente, temos a indicação de vários simuladores que proporcionam uma visualização concreta dos processos físicos que envolvem trabalho e energia e suas transformações.

## Leitura

PONCZEK, R. L. A polêmica entre Leibniz e os cartesianos: mv ou $mv^2$. **Caderno Catarinense de Ensino de Física**, v. 17, n. 3, p. 336-347, dez. 2000. Disponível em: <https://periodicos.ufsc.br/index.php/fisica/article/viewFile/6765/6233>. Acesso em: 9 nov. 2016.

Nesse artigo, faz-se uma interessante abordagem sobre o princípio de conservação da energia e o princípio de conservação do *momentum* linear ou quantidade de movimento. Nessa abordagem, o autor afirma que esses princípios tiveram origem nos mitos de criação do Universo e nas ideias dos filósofos pré-socráticos. Somente com Descartes e Leibniz esses princípios evoluíram para a condição de leis universais coexistentes e complementares.

## Vídeo

A HISTÓRIA da energia. Disponível em: <https://www.youtube.com/watch?v=D8BOEXtiyzI>. Acesso em: 9 nov. 2016.

A energia é fundamental para todos nós, mas o que exatamente é a energia? Na tentativa de responder a essa pergunta, o documentário investiga um estranho conjunto de leis que liga tudo, desde os motores para os seres humanos até as estrelas. A energia, tão importante para a vida diária, na verdade, nos ajuda a dar sentido a todo o Universo.

## Simuladores

PHET. **Energia do parque de skate**. Disponível em: <https://phet.colorado.edu/pt/simulation/legacy/energy-skate-park>. Acesso em: 9 nov. 2016.

# Energia e trabalho

Permite uma análise completa das energias potencial gravitacional e cinética e das respectivas transformações.

PHET. **The ramp**. Disponível em: <https://phet.colorado.edu/pt/simulation/legacy/the-ramp>. Acesso em: 9 nov. 2016.

Proporciona uma análise por meio de gráficos com base em uma situação em que um objeto é empurrado sobre uma rampa com atrito. A análise possibilita a construção de gráficos que mostram a energia e o trabalho realizado pelas forças.

WORK AND ENERGY. Halliday. Disponível em: <http://higheredbcs.wiley.com/legacy/college/halliday/0471758019/simulations/sim07/sim07.html>. Acesso em: 9 nov. 2016.

Possibilita a análise do teorema trabalho e energia cinética para diversos parâmetros.

## Atividades de autoavaliação

1. Uma caixa de madeira de peso 1 000 N é puxada por 30 m por uma força $\vec{F}$ sobre uma superfície com atrito, conforme mostra a figura a seguir. O coeficiente de atrito cinético entre as superfícies da caixa e do piso é 0,60 e a força $\vec{F}$ que arrasta a caixa tem módulo igual a 1080 N e forma um ângulo de 60° com a horizontal.

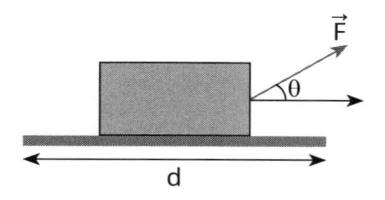

Os trabalhos da força $\vec{F}$, força normal $\vec{N}$ à superfície, força peso, força de atrito e resultante das forças, respectivamente, são iguais a:

a) 16 200 J; 0 J; 0 J; –1 164,6 J e 15 035,4 J.
b) 15 200 J; 0 J; 0 J; –1 064,1 J e 16 035,3 J.
c) 16 300 J; 0 J; 0 J; –1 254,2 J e 14 125,5 J.
d) 12 300 J; 0 J; 0 J; –1 355,5 J e 13 547,8 J.
e) 15 500 J; 0 J; 0 J; –1 245,7 J e 12 655,1 J.

2. A figura a seguir mostra um gráfico do trabalho realizado por uma força $\vec{F}$ em função do ângulo entre a força $\vec{F}$ e a direção do deslocamento. A força $\vec{F}$, mantida constante, forma um ângulo θ com a direção do movimento e o deslocamento sofrido foi de 2 m.

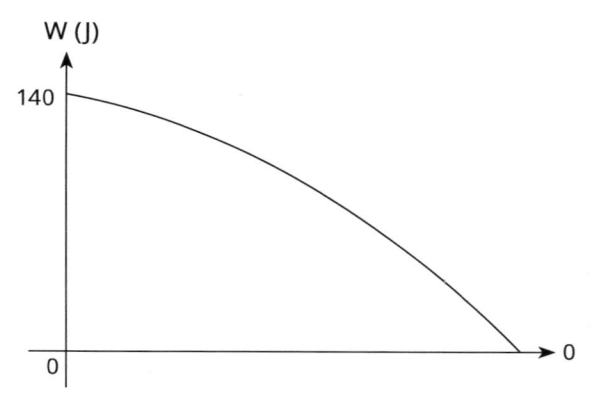

Assinale a alternativa que corresponde ao trabalho realizado pela força $\vec{F}$ quando o ângulo formado entre a força e o vetor deslocamento é de 35°.

a) 127,6 J.
b) 124,7 J.
c) 119,3 J.
d) 115,8 J.
e) 114,7 J.

3. Uma pequena caixa de massa 2 kg é lançada numa superfície horizontal com uma velocidade constante de 12 m/s e descreve um movimento retilíneo. A taxa de desaceleração da caixa é de 3 m/s². Assinale a alternativa que corresponde respectivamente à distância, em metros, e ao trabalho, em joules, realizado pela força sobre a caixa até que ela pare.

   a) 26; –146.
   b) 25; –145.
   c) 24; –144.
   d) 23; –143.
   e) 22; –142.

4. O bloco mostrado na figura a seguir tem massa igual a 10 kg e desliza sobre uma superfície sem atrito por uma distância de 5 m. As forças atuam conforme mostra a figura e têm módulos iguais a $F_1 = 30$ N, $F_2 = 20$ N e $F_3 = 60$ N.

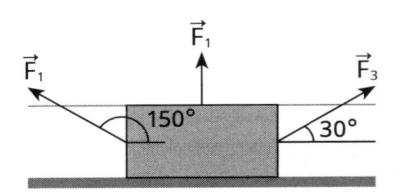

   O trabalho da resultante das forças que atuam sobre o bloco é igual a:

   a) 150 J.
   b) 140 J.
   c) 130 J.
   d) 120 J.
   e) 110 J.

5. Sobre um corpo de massa 5 kg passa a agir uma força constante e paralela ao eixo x a partir da posição x = 0. O gráfico mostrado a seguir ilustra a energia cinética desse corpo quando ele se desloca de x = 0 a x = 20 m.

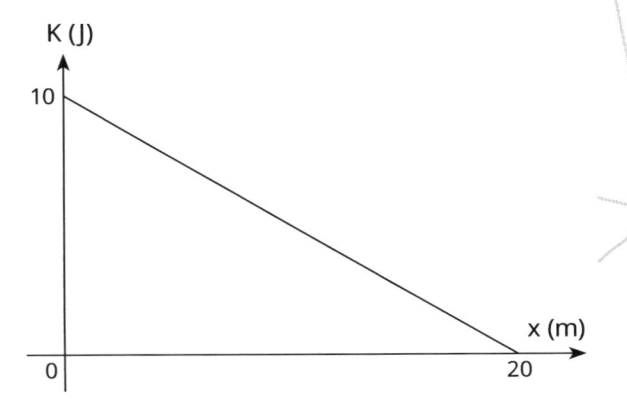

   A velocidade do corpo, em m/s, no instante em que passou pela posição x = 12 m é igual a:

   a) 1,26.
   b) 1,27.
   c) 1,28.
   d) 1,29.
   e) 1,30.

6. Uma caixa é lançada numa rampa sem atrito com velocidade inicial de 6 m/s. A descrição da energia cinética em função da posição da caixa na rampa é mostrada na figura a seguir. O eixo x é paralelo à superfície da rampa e orientado para cima. Considere g = 9,8 m/s².

# Energia e trabalho

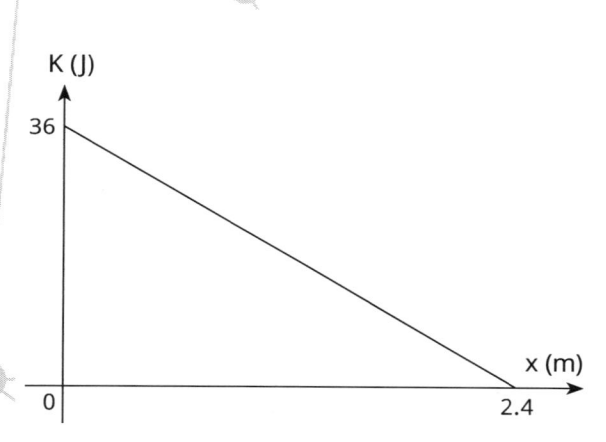

K (J)

36

0    2.4    x (m)

Assinale a alternativa que corresponde à inclinação da rampa.

a) 25°.
b) 30°.
c) 35°.
d) 40°.
e) 45°.

7. Num poço artesanal, um balde com água é puxado com uma corda que imprime uma aceleração igual a $\frac{g}{8}$, sendo g a aceleração da gravidade. A massa do conjunto balde-água é igual a M e a massa da corda, que é inextensível, pode ser desprezada. Após o conjunto balde-água subir uma altura h, os trabalhos realizados pela força da corda e pela força gravitacional e a velocidade do bloco após percorrer a altura h são iguais, respectivamente, a:

a) $\frac{9}{8}$ Mgh e – Mgh; $\frac{\sqrt{gh}}{2}$

b) $\frac{7}{8}$ Mgh e – 2Mgh; $\frac{3\sqrt{gh}}{2}$

c) $\frac{5}{8}$ Mgh e – 3Mgh; $\frac{5\sqrt{gh}}{2}$

d) $\frac{7}{8}$ Mgh e – Mgh; $\frac{5\sqrt{gh}}{2}$

e) $\frac{5}{8}$ Mgh e – Mgh; $\frac{5\sqrt{gh}}{2}$

8. Um bloco de massa 3 kg é submetido a uma força $\vec{F}$ variável paralela a uma superfície horizontal sem atrito. O comportamento dessa força em relação à posição é mostrado na figura a seguir, em que F é dado em newtons e x, em metros.

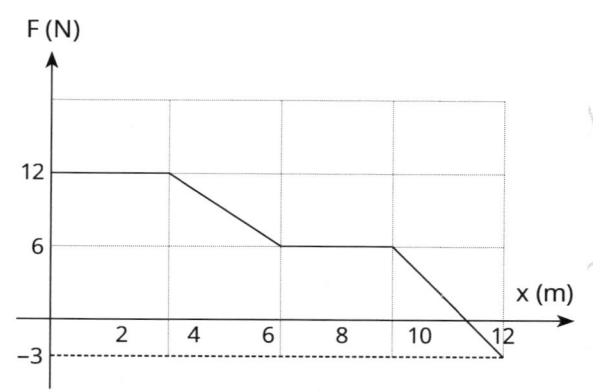

F (N)

12

6

      2    4    6    8    10   12    x (m)
-3

Com base no gráfico, o trabalho realizado pela força quando o bloco se desloca da origem até a posição 12 m é igual a:

a) 65,4 J.
b) 68,6 J.
c) 72,5 J.
d) 75,4 J.
e) 85,5 J.

9. O comportamento de uma força $\vec{F}$ é dado pela seguinte expressão: $F(x) = 3x - x^2$, em que F é dado em N e x, em m. Essa força atua paralelamente ao eixo x sobre um bloco de massa m que se encontra em repouso sobre uma superfície horizontal sem atrito. Assinale a alternativa que corresponde às energias cinéticas do bloco na

posição x = 2 m e 4,5 m; e à posição e ao valor da energia cinética máxima do corpo.

a) 10/3 J e 0 J; 3 m e 9/2 J.
b) 11/3 J e 0 J; 4 m e 7/2 J.
c) 13/3 J e 0 J; 5 m e 9/2 J.
d) 10/3 J e 0 J; 4 m e 7/2 J.
e) 11/3 J e 0 J; 5 m e 5/2 J.

10. Um bloco de massa m é mantido em movimento retilíneo uniforme com uma velocidade constante de 72 km/h sobre um piso horizontal. Para isso, uma força de 200 N, que faz um ângulo de 35° com a horizontal, é aplicada sobre o bloco. A taxa de transferência de energia para o bloco é igual a:

a) 3 557,4 W.
b) 3 466,3 W.
c) 3 344,1 W.
d) 3 276,6 W.
e) 3 174,1 W.

## Atividades de aprendizagem

### Questões para reflexão

1. O gráfico a seguir mostra uma força horizontal atuando sobre um corpo que se move na direção do eixo x. A força passa a agir no corpo quando este se encontra em repouso.

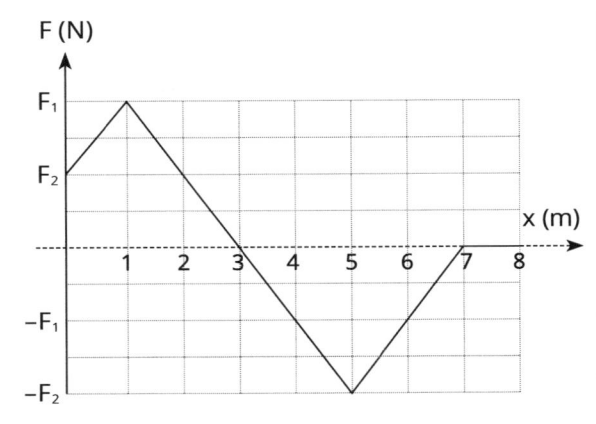

a) Qual é a posição do corpo quando ele alcança velocidade máxima?
b) Em qual posição a velocidade do corpo é nula?

2. Um corpo é abandonado, do repouso, de uma altura h. Faça um esboço do gráfico da energia cinética do corpo em função do tempo.

### Atividade aplicada: prática

1. Conservação da energia mecânica[i]

"Neste experimento, podemos identificar uma transformação de um tipo de energia em outro. Inicialmente, um objeto tem energia potencial gravitacional, que é a energia de interação entre a massa do objeto e a massa da Terra. Essa energia está armazenada no sistema Terra-objeto, e a energia vai diminuindo à medida que o objeto e a Terra se aproximam. A energia potencial gravitacional de um objeto, que é diretamente proporcional ao produto de sua massa, da aceleração da gravidade

---
i Fonte: <http://www2.fc.unesp.br/experimentosdefisica/mec28.htm>.

# Energia e trabalho

(g) e de sua distância vertical em relação a um ponto de referência, transforma-se em energia cinética do objeto, que está associada a seu movimento. A energia cinética é diretamente proporcional à massa e ao quadrado da velocidade do objeto".

Materiais utilizados:

- Copo plástico;
- Duas tampinhas plásticas de refrigerante de dois litros ou 600 ml;
- Duas réguas de 30 cm;
- Fita adesiva;
- Suportes;
- Bolinha.

Para realizar o experimento, acesse o *link*: <http://www2.fc.unesp.br/experimentosdefisica/mec28.htm>.

# 5.
## Trabalho, energia potencial e conservação

# Trabalho, energia potencial e conservação

No Capítulo 4, tratamos da relação entre trabalho e energia cinética, objeto do teorema do trabalho e energia cinética: o trabalho realizado pela resultante das forças que atuam num sistema corresponde à variação da energia cinética.

No entanto, a relação entre trabalho e energia é mais ampla e contempla outras formas de energia, como a potencial. Ainda, para além dessas relações, o trabalho realizado pela resultante das forças implica também a conservação da energia do sistema, podendo haver acréscimo ou retirada de energia nesse sistema. E, se o trabalho for realizado por forças conservativas, que comentamos na sequência, outras relações importantes são obtidas, agora, entre força conservativa e energia potencial.

## 5.1 Trabalho e energia potencial

A relação entre trabalho e energia também pode ser analisada quando um objeto é lançado verticalmente para cima com uma velocidade $\vec{v}_0$, e depois cai, conforme ilustra a Figura 5.1. Nesse caso, a força de resistência do ar é desprezada e a única força que atua sobre o corpo é seu peso – força gravitacional $\vec{F}_g$. Para essa situação, além da energia cinética associada ao movimento do corpo, há outro tipo de energia, denominada *energia potencial gravitacional*, que está relacionada às forças de atração entre o corpo e a Terra.

Figura 5.1
Força gravitacional sobre um corpo de massa m

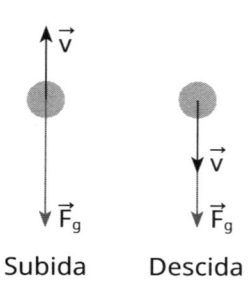

Subida    Descida

Na situação ilustrada na Figura 5.1, quando o corpo é lançado para cima, durante o movimento de subida, a força gravitacional realiza um trabalho negativo ($W_g < 0$), porque essa força retira energia cinética do corpo. Conclusivamente, podemos afirmar que a força gravitacional transfere energia cinética do corpo para a energia potencial gravitacional do sistema corpo-Terra – há um aumento da energia potencial gravitacional ($\Delta U > 0$).

Ao final do movimento de subida, quando o corpo para e começa a cair sob o efeito da força gravitacional, o processo se dá no sentido contrário. Desse modo, o trabalho realizado pela força gravitacional sobre o corpo é positivo ($W_g > 0$), pois a força gravitacional transfere energia potencial gravitacional do sistema corpo-Terra para a energia cinética do corpo – há uma redução da energia potencial gravitacional ($\Delta U < 0$).

Pela análise dos movimentos de subida e de descida, é possível constatar que quando há aumento da energia potencial gravitacional ($\Delta U > 0$), o trabalho realizado é negativo

($W_g < 0$); quando a energia potencial gravitacional diminui ($\Delta U < 0$), o trabalho realizado é positivo ($W_g > 0$). Assim, a variação da energia potencial gravitacional é definida como o negativo do trabalho realizado sobre o corpo pela força gravitacional:

$$W = -\Delta U \quad \text{(Equação 5.1)}$$

Se essa análise for aplicada ao sistema massa-mola, como ilustrado na Figura 5.2, o resultado será o mesmo. Ou seja, quando o bloco é bruscamente empurrado para a direita, a força elástica realiza um trabalho negativo porque atua no sentido contrário ao deslocamento. Nesse caso, a força elástica transfere energia cinética do bloco para a energia potencial elástica do sistema bloco-mola. Ao realizar o movimento de retorno, após parar, a força elástica ainda tem o mesmo sentido, e o sentido do deslocamento passa a ser o mesmo da força elástica. Assim, o trabalho realizado pela força elástica é positivo e a energia transferida passa a ser da energia potencial elástica do sistema bloco-mola para a energia cinética do bloco.

Figura 5.2
Sistema massa-mola

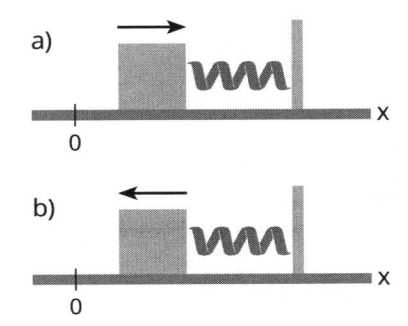

### 5.1.1 Cálculo da energia potencial

As energias potencial gravitacional e elástica podem ser calculadas por meio de expressões matemáticas específicas, respectivamente, usando sistemas bloco-mola ou corpo-Terra, por exemplo. Para tanto, precisamos obter uma relação geral entre uma força conservativa e a energia potencial a ela associada. Antes, porém, devemos definir e encontrar formas de verificar o que são **forças conservativas**.

Uma força é dita *conservativa* quando é capaz de converter energia cinética em energia potencial, e vice-versa. Dois exemplos de forças desse tipo são as forças elástica e gravitacional – embora não abordada nesta obra, outra força conservativa é a força elétrica. Uma característica importante de uma força conservativa é que o trabalho realizado por ela é sempre reversível; e isso significa que o trabalho realizado por essa força sobre um corpo que se move ao longo de qualquer percurso fechado é nulo. Outro aspecto de relevo das forças conservativas é que o trabalho sobre um corpo que se move entre dois pontos não depende da trajetória, ele só depende das posições inicial e final entre as quais se desloca o corpo.

# Trabalho, energia potencial e conservação

### Exemplo 5.1

Na Figura 5.3, uma força conservativa atua sobre a partícula deslocando-a da posição a até a posição b. Nessa figura são indicadas duas trajetórias distintas (1 e 2), que podem ser percorridas pela partícula e sob a ação da força conservativa. Demonstre que o trabalho realizado por essa força independe das trajetórias realizadas entre os pontos a e b, ou seja, $W_{ab,1} = W_{ab,2}$, em que o índice ab indica as posições inicial e final, e os índices 1 e 2 indicam as trajetórias.

Figura 5.3
Força conservativa atuando numa partícula

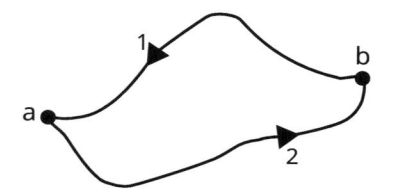

### Solução:

Para demonstrarmos a afirmação anterior, consideremos a figura, na qual a força conservativa realiza trabalho sobre a partícula quando ela se desloca de a para b, segundo a trajetória 1; e também quando retorna fazendo o percurso da trajetória 2, de b para a.

O trabalho no primeiro percurso é $W_{ab,1}$ e, no segundo percurso, $W_{ab,2}$. Como a força que atua na partícula é conservativa, o trabalho total realizado durante o percurso de ida e de volta é igual a zero. Assim, $W_{ab,1} + W_{ab,2} = 0 \rightarrow W_{ab,1} = - W_{ba,2}$ (I), pois a força é conservativa.

Com relação à Figura 5.3, o trabalho realizado pela força sobre a partícula durante a trajetória 2 e para o deslocamento ab é $W_{ab,2}$. Se a força for conservativa, teremos a seguinte igualdade: $W_{ab,2} = - W_{ba,2}$ ou $- W_{ba,2} = W_{ab,2}$ (II). Substituindo a equação II em I, temos: $W_{ab,1} = W_{ab,2}$.

Uma força que produz uma perda ou dissipação da energia de um sistema é denominada *força não conservativa* ou *força dissipativa*. Exemplos são as forças de atrito cinético e a de resistência de um fluido. Forças não conservativas também podem produzir um aumento da energia mecânica de um sistema, como as que ocorrem com os fragmentos de explosões de fogos de artifícios, que se espalham com energia cinética elevada em virtude das reações químicas da pólvora com o oxigênio do ar. No entanto, a energia mecânica do sistema diz respeito somente às energias cinética e potencial; ao sistema podem estar associadas outras modalidades de energia – térmica, química, sonora, luminosa etc. Logo, pode ocorrer um aumento da energia mecânica de um sistema, mas o mesmo não pode ocorrer para a energia do sistema como um todo, visto que esta não pode ser criada nem destruída, somente convertida de um tipo para outro.

Voltando ao cálculo da energia potencial, consideremos um corpo que seja parte de um sistema no qual atua uma força conservativa $\vec{F}$. Quando a força realiza trabalho sobre o corpo, a variação de sua energia potencial é o negativo do trabalho realizado por essa força, ou seja: $\Delta U = -W$ (Equação 5.1). O trabalho W pode ser expresso pela equação $W = \int_{x_0}^{x} F(x)dx$ e, assim, substituindo a expressão em 5.1, temos:

$$\Delta U = \int_{x_0}^{x} F(x)\,dx \qquad \text{(Equação 5.2)}$$

### 5.1.2 Energia potencial gravitacional

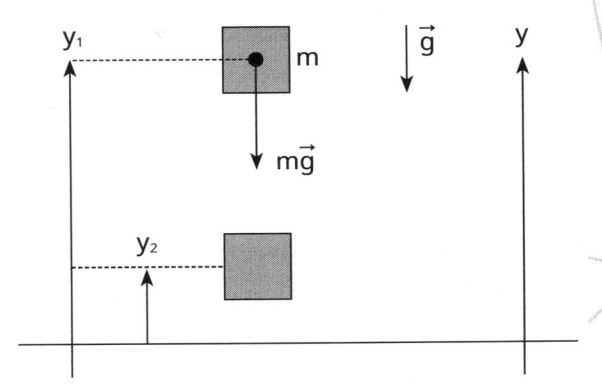

Consideremos um corpo de massa m que se movimenta ao longo do eixo y, orientado de baixo para cima, conforme ilustra a Figura 5.4, a seguir. Quando o corpo se move da posição $y_1$ para a posição $y_2$, a força gravitacional $\vec{F}_g$ realiza trabalho sobre ele, modificando sua energia potencial. Para obtermos a variação da energia potencial gravitacional do sistema corpo-Terra, utilizamos a Equação 5.2 e integramos ao longo do eixo y. Nesse caso, F(x) corresponde à força gravitacional $P_g = -my$ e tem valor negativo porque tem sentido contrário do eixo y. Logo,

$$\Delta U = \int_{y_1}^{y_2} (-mg)\,dy \rightarrow \Delta U = mg(y_2 - y_1)$$

(Equação 5.3)

Figura 5.4
Energia potencial gravitacional

Se tomarmos a energia potencial gravitacional do sistema associada à posição 1 como uma referência e adotarmos $U_1 = 0$ para $y_1 = 0$, e $U_2 = U$ para $y_2 = y$, a Equação 5.3 pode ser escrita da seguinte forma:

$$U = m\,g\,y \qquad \text{(Equação 5.4)}$$

Essa equação representa a energia potencial gravitacional do sistema corpo-Terra e tal energia depende apenas da altura da partícula (y) em relação à posição de referência (y = 0).

#### Exemplo 5.2

Num prédio residencial, um lustre de massa 2,5 kg está pendurado no teto do apartamento no terceiro andar. Cada andar desse prédio tem, em média, 3 m de altura e o prédio conta com 10 andares. Considerando a energia potencial de referência igual a zero, determine a energia potencial gravitacional do lustre ao tomar como referência,

# Trabalho, energia potencial e conservação

a. o piso do segundo andar;
b. o piso do térreo;
c. o piso do 9° andar.

Solução:

A energia potencial gravitacional é dada pela Equação 5.3: $\Delta U = mg(y_2 - y_1)$, em que $\Delta U = U_2 - U_1$ e $U_1 = 0$ para $y_1 = 0$. Assim, tendo o piso do segundo andar como referência, $y_2 = 9$ m e $U_2 = mgy_2 = 2{,}5 \cdot 9{,}8 \cdot 9 = 220{,}5$ J; para o piso do térreo como referência, $y_2 = 12$ m e $U_2 = mgy_2 = 2{,}5 \cdot 12 \cdot 9{,}8 = 294{,}0$ J; para o piso do 9° andar como referência, $y_2 = -15$ m e $U_2 = mgy_2 = 2{,}5 \cdot (-15) \cdot 9{,}8 = 367{,}5$ J.

## 5.1.3 Energia potencial elástica

No sistema massa-mola mostrado na Figura 5.5, adiante, o bloco encontra-se preso à extremidade da mola de constante elástica k e se move de uma posição $x_1$ para uma posição $x_2$ ao longo do eixo x. A força elástica $F_{el}$ realiza trabalho sobre o bloco, alterando as configurações do sistema massa-mola e, consequentemente, sua energia potencial elástica. A variação dessa energia é obtida a partir da Equação 5.2, na qual fazemos a substituição de F(x) pela força elástica $F_{el} = -kx$, obtendo $\Delta U = -\int_{x_0}^{x}(-kx)dx \rightarrow$

$\Delta U = \int_{x_0}^{x} kx\, dx = \frac{k}{2}x^2 \Big|_{x_1}^{x_2}$. Substituindo os limites de integração, temos:

$$\Delta U = \frac{k}{2}(x_2^2 - x_1^2) \qquad \text{(Equação 5.5)}$$

Figura 5.5
Energia potencial elástica

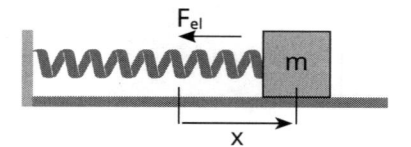

Se tomarmos como referência a posição em que a mola se encontra relaxada, ou seja, $x_1 = 0$ e $U_1 = 0$, e fazendo $U_2 = U$ para $x_2 = x$, obtemos:

$$U = \frac{1}{2}kx^2 \qquad \text{(Equação 5.6)}$$

## 5.2 Conservação da energia mecânica

Explicamos anteriormente que a energia associada ao movimento de um corpo é chamada *energia cinética*. Também comentamos que, se associarmos ao corpo uma posição em relação a um referencial, ocorre a energia potencial gravitacional ou energia potencial elástica associadas, respectivamente, ao sistema corpo-Terra ou massa-mola. Na Figura 5.6, se tomarmos como referencial o solo, temos duas energias, ou seja, a energia cinética representada pelo movimento dos carrinhos e a energia potencial gravitacional associada ao sistema carrinhos-Terra.

Figura 5.6
Montanha-russa

A energia mecânica corresponde à soma das energias cinética e potencial e é dada pela seguinte expressão:

$$E_{mec} = K + U \qquad \text{(Equação 5.7)}$$

em que $E_{mec}$ é a energia mecânica e as energias cinética e potencial são, respectivamente, K e U.

Consideremos um sistema isolado do ambiente – não há força externa alguma interagindo com os objetos constituintes desse sistema capazes de causar variações internas de energia. Ainda, nesse sistema, só atuam forças conservativas e as transferências de energia ocorrem mediante as ações dessas forças, pois os objetos não estão sujeitos às forças de atrito e de arrasto de fluidos, como o ar.

Dadas tais circunstâncias sobre o sistema isolado, consideremos que uma força conservativa realiza trabalho sobre um corpo que integra esse sistema. Ao realizar trabalho W sobre o corpo, a força conservativa faz transferências energéticas entre a energia cinética K do corpo e a energia potencial U do sistema. Usando a Equação 4.21, a variação da energia cinética é dada por $W = \Delta K$ e, com a Equação 5.1, a variação da energia potencial do sistema é $\Delta U = -W$. Igualando as duas equações, compomos a seguinte expressão:

$$\Delta U = -\Delta K \quad \text{ou} \quad \Delta U + \Delta K = 0$$
$$\text{(Equação 5.8)}$$

Sendo assim, a quantidade que uma das energias aumenta corresponde exatamente à quantidade que a outra diminui.

Escrevendo a Equação 5.7 para duas configurações distintas do sistema isolado em que só atuam forças conservativas, temos:

# Trabalho, energia potencial e conservação

$E_{mec} = K_1 + U_1 = K_2 + U_2$

(Equação 5.9)

Logo, para dois estados de configuração diferentes, a energia mecânica é constante. A Equação 5.9 representa o **princípio de conservação da energia mecânica**.

> Se, num sistema isolado, atuam apenas forças conservativas, a energia cinética e a energia potencial podem variar, mas a soma das duas energias, ou seja, a energia mecânica $E_{mec}$ do sistema, permanece constante.

### Exemplo 5.3

Um bloco de massa 2 kg cai de uma altura de 40 cm, a partir do repouso, sobre uma mola de constante elástica 1 960 N/m. A mola é comprimida até o bloco entrar em repouso, conforme mostra a Figura 5.7. Determine a distância y em que a mola foi comprimida. (Despreze a resistência do ar e considere a aceleração da gravidade igual a 9,8 m/s².)

Figura 5.7
Bloco caindo sobre uma plataforma com mola

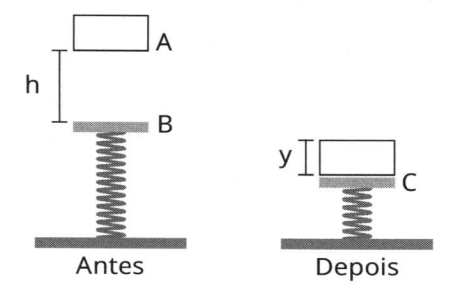

### Solução:

Nesse problema, só atuam sobre o bloco forças conservativas; logo, há conservação da energia mecânica e a Equação 5.9 é verificada. Assim, $E_{mec}$ = constante; e $K_1 + U_1 = K_2 + U_2$, em que $K_1 = 0$ (o bloco parte do repouso) e $K_2 = 0$ (o bloco atinge o repouso). Portanto, $U_1 = U_2$. A energia potencial gravitacional do sistema bloco-Terra é integralmente transformada em energia potencial elástica do sistema massa-mola. Escrevendo as energias em termos de g, m, k, h e y, obtemos: $m g (h + y) = \frac{1}{2} k y^2 \rightarrow \frac{2mgh}{k} + \frac{2mg}{k} y = y^2 \rightarrow y^2 - \frac{2mg}{k} y + \frac{2mg}{k} = 0$. Substituindo os valores na equação encontrada: $Y^2 - \frac{2 \cdot 2 \cdot 9,8}{1\,960} y + \frac{2 \cdot 2 \cdot 9,8 \cdot 0,4}{1\,960} = 0 \rightarrow y^2 - 0,02y - 0,008 = 0 \rightarrow y = 0,10$ m ou 10 cm.

## 5.3 Curva de energia

Tomemos como exemplo um corpo que integra um sistema. Sobre esse corpo atua uma força conservativa F(x) na direção do eixo x. Quando o corpo se desloca por uma distância $\Delta x$, a força conservativa realiza trabalho sobre o corpo dado por:

$$W = F(x)\,\Delta x \quad \text{(Equação 5.10)}$$

Esse deslocamento $\Delta x$ produz uma variação da energia potencial ($\Delta U$) dada pela equação $\Delta U = -W$ (Equação 5.1). Substituindo o trabalho W na Equação 5.10, temos:

$$\Delta U = -F(x)\,\Delta x \quad \text{(Equação 5.11)}$$

Fazendo $\Delta x$ tender a zero e isolando F(x), temos:

$$F(x) = -\frac{dU}{dx} \quad \text{(Equação 5.12)}$$

Essa equação nos permite obter uma expressão para a F(x) se for conhecida a função da energia potencial U(x) do sistema.

### Exemplo 5.4

A energia potencial elástica de sistema massa-mola é dada por $U(x) = \frac{1}{2}kx^2$, em que K é a constante da mola e x é a posição da extremidade da mola no eixo x. Usando a Equação 5.12, determine F(x) que corresponde à força conservativa associada à energia potencial elástica da mola.

### Solução:

Para encontrarmos a força, basta derivar a função U(x) em relação a x, a partir da equação $F(x) = -\frac{dU}{dx}$. Assim, $F(x) = -\frac{1}{2}k\,2x = -kx \rightarrow F(x) - kx$, correspondendo à **Lei de Hooke**.

### 5.3.1 Curvas de energia potencial

Um corpo, que pode ser considerado uma partícula, está sujeito a uma força conservativa F(x) que atua na direção do eixo x. A força conservativa F(x) realiza trabalho sobre o corpo e a energia potencial em função da posição do corpo é dada pelo gráfico U(x), conforme mostra a Figura 5.8, a seguir.

# Trabalho, energia potencial e conservação

Figura 5.8
Curva energia potencial em função da posição

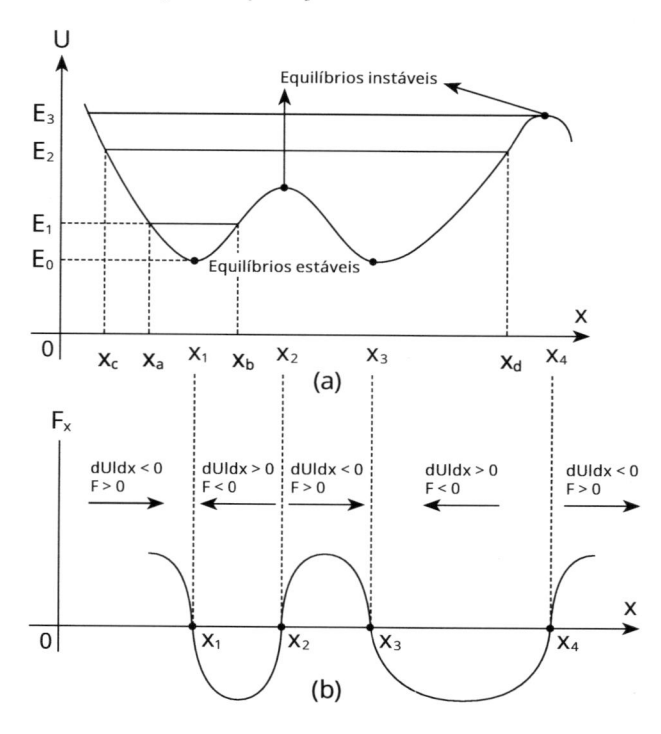

Fonte: Elaborado com base em Young; Freedman, 2008, p. 235.

A parte a dessa figura mostra a função da energia potencial U(x) em relação à posição x; a parte b mostra a respectiva força $\left(F(x) = -\dfrac{dU}{dx}\right)$ associada a essa função potencial para os mesmos intervalos compreendidos entre $x_1$ e $x_4$. A inclinação da curva nos pontos $x_1$ e $x_3$ é zero, pois F(x) = 0, e estes correspondem a pontos de **equilíbrio estável** porque, para qualquer deslocamento sofrido pelo corpo, a força restauradora o faz alcançar o ponto de equilíbrio. Da mesma forma, F(x) é nula nos pontos $x_2$ e $x_4$, que correspondem a pontos de **equilíbrio instável**, pois, para qualquer deslocamento sofrido pelo corpo, a força o afasta para longe do ponto de equilíbrio, conforme o sentido da força F(x) em torno desses pontos na parte b da figura.

O movimento de um corpo com energia total $E_1$ fica limitado à região entre $x_a$ e $x_b$, que corresponde a um **poço de potencial** e esses pontos são os **pontos de retorno** do movimento do corpo. Se o corpo tiver energia total $E_2$, o poço de potencial está limitado pelos retornos $x_c$ e $x_d$; porém, se a energia total for igual a $E_3$, o corpo pode ultrapassar o ponto $x_4$ e afastar-se indefinidamente desse ponto.

### Exemplo 5.5

Um corpo de massa 0,5 kg que se move como uma partícula ao longo do eixo x está sob a ação de uma força conservativa F(x). A energia potencial associada à F(x) é descrita no Gráfico 5.1, em que U(x) é dado em joule e x, em metros. Na posição x = 7,5 m, o corpo tem uma velocidade de 5 m/s paralela ao eixo x e está se aproximando da origem. Determine:

a. a velocidade do corpo na posição $x_1$ = 5,5 m;
b. a posição de retorno do corpo;
c. o vetor força conservativa que atua sobre o corpo entre as posições x = 5 m e o ponto de retorno do corpo.

Gráfico 5.1
Energia potencial em função da posição de um corpo de massa 0,5 kg

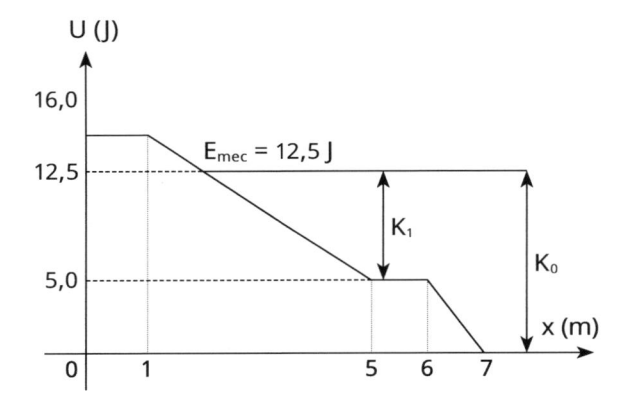

### Solução:

A velocidade do corpo na posição $x_1$ = 5,5 m pode ser encontrada pela conservação da energia mecânica. Assim, $E_{mec} = U_1 + K_1$, em que $K_1 = E_{mec} - U_1 = 12,5 - 5 = 7,5$ J e $K_1 = \frac{1}{2}mv_1^2$. Substituindo os valores, temos: $7,5 = \frac{1}{2}1v_1^2 \rightarrow v_1 = 3,9$ m/s.

No ponto de retorno, a força anula momentaneamente a velocidade e faz inverter o sentido. Nesse instante, a energia cinética é nula e a energia potencial gravitacional é máxima. Essa situação corresponde, no gráfico, à posição onde a energia potencial U é igual a 12,5 J, conforme mostra a figura a seguir.

# Trabalho, energia potencial e conservação

## 5.4 Trabalho realizado por uma força externa

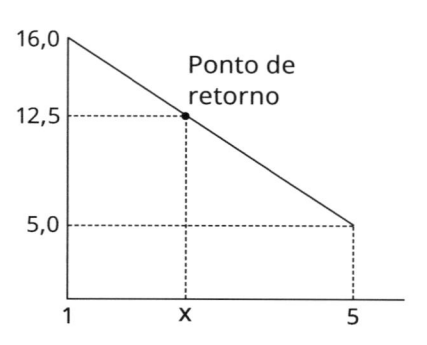

Com base na figura anterior, podemos obter a relação: $\frac{16-5}{1-5} = \frac{12,5-5}{x-5}$ → x = 2,27 m.

Para determinarmos a força conservativa no intervalo considerado, devemos utilizar a Equação 5.12 – $F(x) = -\frac{dU}{dx}$, que corresponde à inclinação da curva U(x) nesse intervalo. Assim, considerando que a posição de retorno é x = 2,27 m, obtemos a inclinação da curva, representada na figura a seguir.

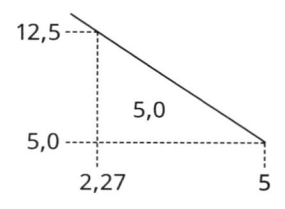

$F(x) = -\frac{dU}{dx} = -\frac{\Delta U}{\Delta x} = 2,75$ N.

A força conservativa, portanto, atua no sentido positivo do eixo.

Quando a força que realiza trabalho está relacionada apenas ao corpo e são desprezadas as forças dissipativas, a única energia presente no processo de transferência é a energia cinética. No entanto, quando envolvemos, não um corpo, mas um conjunto de corpos (um sistema), o trabalho realizado pela força externa modifica outros tipos de energia, como a energia potencial. Portanto, uma força externa que atua sobre o sistema produz variações, ao menos, nas energias cinética e potencial dos corpos que o integram.

Para o cálculo do trabalho realizado por uma força (ver seção 4.1) basta identificar o corpo e a força, ou seja, o trabalho transfere energia ao corpo ou retira energia do corpo graças à ação da força. No entanto, consideremos agora não um corpo, mas um sistema composto de um ou mais corpos –, sobre o qual atua uma força externa. Nesse caso, o trabalho é definido como a energia transferida para ou de um sistema em decorrência de uma força externa que atua sobre ele.

As Figuras 5.9 e 5.10 ilustram a definição de trabalho: a primeira refere-se ao trabalho positivo, que aumenta a energia do sistema; a segunda diz respeito a um trabalho negativo, que diminui a energia do sistema. No entanto, se mais de uma força externa atuar sobre o sistema, devemos levar em conta a resultante das forças externas que produzirá variação de energia.

Figura 5.9
Trabalho positivo realizado sobre o sistema

Trabalho positivo (w > 0) → Sistema

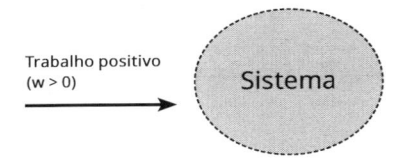

Figura 5.10
Trabalho negativo realizado pelo sistema

Trabalho negativo (w < 0) ← Sistema

Essas situações ilustradas podem ser aplicadas a sistemas que envolvam atrito ou não. Em caso positivo, o atrito cinético atua sobre o corpo e ocorre entre as superfícies do corpo e do piso.

Para a situação sem atrito, consideremos uma prova de lançamento de peso, como mostrada na Figura 5.11. Para lançar o peso, o atleta o levanta do solo e o apoia junto ao pescoço com o braço flexionado na altura do ombro; durante o lançamento, o peso adquire uma velocidade $v_0$.

Figura 5.11
Lançamento de peso

Durante o lançamento, é aplicada uma força externa ao peso, a qual realiza um trabalho e modifica as configurações do sistema, ao transferir energia a ele. O conjunto que sofre essa modificação é formado pelo peso e pela Terra e é denominado *sistema peso-Terra*. Mas qual é a razão para essa escolha? Devemos observar quais energias foram modificadas e quais corpos estão envolvidos. Por exemplo, o peso adquiriu energia cinética porque essa energia variou $\Delta K$; logo, o peso deve fazer parte desse sistema; durante o lançamento, a distância entre o peso e a Terra varia, e isso produz uma variação da energia potencial gravitacional $\Delta U$; assim, além do peso, a Terra também deve ser considerada no sistema em questão. Desse modo, braço aplica uma força externa que realiza trabalho sobre o sistema peso-Terra, dado por:

$$W = \Delta K + \Delta U \qquad \text{(Equação 5.13)}$$

# Trabalho, energia potencial e conservação

Figura 5.12
Sistema peso-Terra

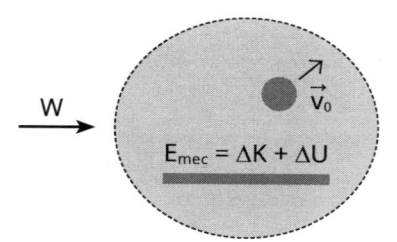

$E_{mec} = \Delta K + \Delta U$

### Exemplo 5.6

Uma bola de massa 300 g é lançada para cima com a mão a partir do repouso. Durante o lançamento, o conjunto mão-bola move-se verticalmente 60 cm, quando a bola parte da mão, na direção vertical, com uma velocidade de 15 m/s. Considerando constante a força aplicada pela mão, determine seu módulo.

### Solução:

A força que atua na bola é uma força externa e, nesse caso, o trabalho realizado modifica a energia mecânica do sistema bola-Terra. A variação da energia mecânica da bola é dada por: $\Delta E_{mec} = \Delta K + \Delta U$, sendo $\Delta K = k - k_0$ e $\Delta U = U - U_0$, em que as energias iniciais são consideradas nulas no momento em que a bola está em repouso na mão. O trabalho realizado pela ação da força aplicada pela mão é $W = F\, d \cos \theta$, em que F é a força constante, d é o deslocamento sofrido pelo conjunto bola-mão e θ é o ângulo entre o vetor deslocamento e a força (θ = 0).

Substituindo as expressões do trabalho e das energias na equação $\Delta W = \Delta K + U$, obtemos: $F\, d \cos 0° = K + U$. Logo, $Fd = \frac{1}{2} m v^2 + m g d \rightarrow F = \left(m \left(\frac{v^2}{2d} + g\right)\right)$.

Substituindo os valores na expressão, encontramos: $F = 0{,}3 \left(\frac{15^2}{2 \cdot 0{,}6} + 9{,}8\right) = 59{,}2$ N.

A Figura 5.13 mostra uma situação em que há atuações da força de atrito cinético $\vec{f}_k$, da força gravitacional $m\vec{g}$ e da força externa $\vec{F}$ num bloco de massa m sobre o piso de um plano inclinado que faz um ângulo θ com a horizontal. Durante a subida, o bloco percorre uma distância d, paralela à direção do plano inclinado, e sobe Δy na direção vertical em relação ao solo. A velocidade do bloco é aumentada de $\vec{v}_0$ para $\vec{v}$ em virtude do trabalho realizado pela força $\vec{F}$, a qual produz variação na energia potencial do bloco em relação ao solo. Ao mesmo tempo que o bloco se desloca, este e o piso dissipam energia ao aquecerem suas superfícies de contato por causa da força de atrito cinético que atua entre elas.

Figura 5.13
Força F aplicada a um corpo num plano inclinado com atrito

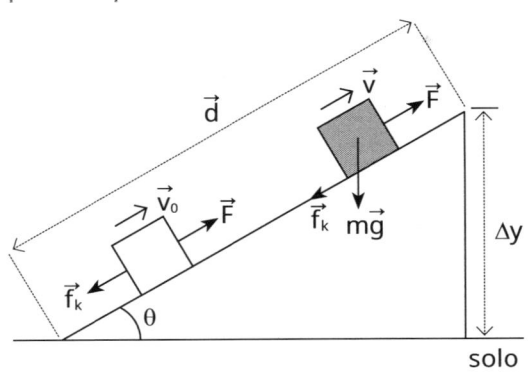

Considerando as forças que atuam na direção do plano inclinado e aplicando a Segunda Lei de Newton, sendo o sentido do movimento positivo, temos:

$$F - f_k - mg \operatorname{sen} \theta = ma \qquad \text{(Equação 5.14)}$$

em que $mg \operatorname{sen} \theta$ é a componente da força peso que atua no sentido contrário ao do movimento – m é a massa do corpo, a é a aceleração do movimento e g é a aceleração da gravidade.

Todas as forças que atuam sobre o bloco são constantes, de modo que a aceleração também é constante e dada por:

$$a = \left(\frac{v^2 - v_0^2}{2}\right)\frac{1}{d} \qquad \text{(Equação 5.15)}$$

Substituindo essa equação (5.15) na Equação 5.14, temos:

$$F - f_k - mg \operatorname{sen} \theta = \frac{m}{2d}(v^2 - v_0^2) \rightarrow Fd - f_k d - mg \operatorname{sen} \theta\, d = \frac{1}{2}mv^2 - \frac{1}{2}mv_0^2 \qquad \text{(Equação 5.16)}$$

Ao aplicarmos isso à figura anterior, temos:

sen θ d = Δy, logo:

$$Fd - f_k d - mg\, \Delta y = \frac{1}{2}mv^2 - \frac{1}{2}mv_0^2 \qquad \text{(Equação 5.17)}$$

em que $\Delta U = mg\, \Delta y$ \qquad (Equação 5.18)

e $\Delta K = \frac{1}{2}mv^2 - \frac{1}{2}mv_0^2 = K - K_0$ \qquad (Equação 5.19)

Substituindo as Equações 5.18 e 5.19 na equação 5.17 e rearranjando, temos:

$$W = \Delta K + \Delta U + f_k d \qquad \text{(Equação 5.20)}$$

O termo $f_k d$ é o que produz o aquecimento das superfícies do plano inclinado e do bloco e corresponde a um aumento da energia térmica ($\Delta E_t$) dessas superfícies. No que se refere a essa energia, foi verificado na física experimental que a variação de $\Delta E_t$ é igual ao produto da força de atrito cinético $f_k$ pelo módulo do deslocamento do bloco:

# Trabalho, energia potencial e conservação

$\Delta E_t = f_k \, d$ (Equação 5.21)

Desse modo, a Equação 5.20 pode ser escrita da seguinte forma:

$W = \Delta E_{mec} + \Delta E_t$ (Equação 5.22)

em que

$\Delta E_{mec} = \Delta K + \Delta U$ (Equação 5.23)

A Equação 5.22 representa o trabalho realizado por uma força externa sobre o sistema bloco-piso-Terra, o qual é igual à variação da energia mecânica do sistema mais a variação da energia térmica do bloco e do piso no plano inclinado.

### Exemplo 5.7

Uma caixa de massa 150 kg é puxada por uma força F que forma um ângulo θ com a horizontal, conforme ilustra a Figura 5.14. A força de intensidade 870 N realiza trabalho sobre a caixa e faz sua velocidade aumentar de 1 m/s para 4 m/s ao percorrer 5 m. Considere g = 9,8 m/s², θ = 60° e determine o aumento da energia térmica da caixa e do piso e o coeficiente de atrito entre as superfícies do piso e da caixa.

Figura 5.14
Caixa puxada por uma força F

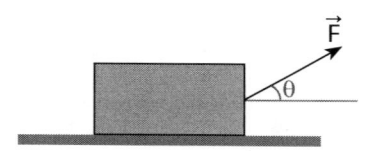

### Solução:

A força F realiza trabalho sobre o sistema piso-caixa, fazendo aumentar as energias térmicas da caixa e do piso, e também sobre a caixa quando aumenta sua energia cinética. Desse modo, a força F realiza trabalho sobre o sistema piso-caixa e modifica as energias desse sistema, cuja relação é dada pela equação:

$W = \Delta E_{mec} + \Delta E_t$ (Equação 5.22)

em que

$\Delta E_{mec} = \Delta K + \Delta U$ (Equação 5.23)

Nesse caso, $\Delta U = 0$. A Equação 5.22 pode ser reescrita da seguinte forma:

$W = \Delta K + \Delta E_t$ (Equação 5.22a)

O trabalho W pode ser obtido por $W = F\,d\,\cos\theta$. Substituindo os valores informados, temos: $W = 870 \cdot 5 \cdot \cos 60° = 2175\,J$. A variação de energia cinética é $\Delta K = \frac{1}{2} m (v^2 - v_0^2)$. Agora, substituindo os valores, temos: $\Delta K = \frac{1}{2} \cdot 150 \cdot (4^2 - 1^2) = 1125\,J$. Substituindo esses valores na Equação 5.22a, encontramos a variação da energia térmica do sistema: $\Delta E_t = W - \Delta K = 2175 - 1125 = 1050\,J$ – que corresponde ao aumento da energia térmica das superfícies da caixa e do piso.

Para calcularmos o coeficiente de atrito, precisamos obter a força de atrito $f_k$ baseando-nos na relação $\Delta E_t = f_k\,d$ (Equação 5.21). Substituindo os valores já calculados, a força de atrito é igual a $f_K = 210\,N$. Assim, o coeficiente de atrito pode ser calculado empregando-se a definição de força de atrito cinético: $f_k = \mu_c F_N$, em que $\mu_c$ é o coeficiente de atrito cinético e $F_N$ é a força normal à caixa. No entanto, a força normal $F_N$ é obtida a partir do balanço de forças na direção perpendicular ao movimento da caixa, ou seja, aplicando a Primeira Lei de Newton, temos que $F_N + F\,\text{sen}\,\theta - m g = 0 \rightarrow F_N = m g - F\,\text{sen}\,\theta$. Substituindo os valores, a força normal é $F_N = 716,6\,N$ e o coeficiente de atrito cinético é $\mu = \frac{f_K}{F_N} = \frac{210}{716,6} = 0,29$.

## 5.5 Conservação da energia

A energia total E de um sistema qualquer corresponde à soma da energia mecânica $E_{mec}$ e a energia térmica $E_t$, sem considerar outras formas de energia. Dado um sistema com uma energia E, as alterações em suas energias mecânica e térmica são possíveis por meio da realização de trabalho sobre o sistema ou por meio do sistema. Essa situação ocorre em razão da lei da conservação da energia, que afirma que um sistema só pode alterar a energia E se houver a transferência dessa energia para fora do sistema ou para dentro do sistema. No entanto, a energia não pode ser criada nem destruída, somente convertida de um tipo para outro. A Figura 5.15 mostra a transferência de energia de um sistema gerada por trabalho, ou seja,

$$W = \Delta E \qquad \text{(Equação 5.24)}$$

Figura 5.15
Transferência de energia num sistema

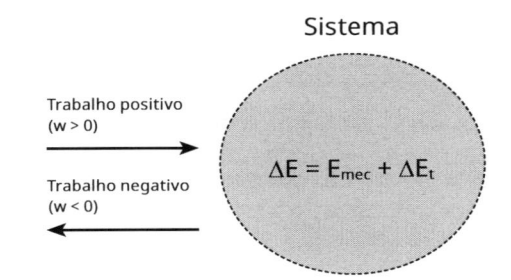

Se o sistema estiver isolado, não há troca de energia com o meio externo, não há trabalho realizado e a lei de conservação de energia pode ser enunciada da seguinte forma:

# Trabalho, energia potencial e conservação

> Num sistema isolado, a energia do sistema é constante.
>
> Ou seja,
>
> $\Delta E = 0$ \hfill (Equação 5.25)

### Exemplo 5.8

Um bloco de massa 4 kg tem velocidade de 5,4 m/s e desliza sobre uma superfície sem atrito, conforme ilustra a Figura 5.16, a seguir. Após percorrer certa distância, o bloco choca-se com uma mola de constante elástica 5 000 N/m e passa a deslizar numa superfície com atrito, cujo coeficiente de atrito cinético é igual a 0,6. Nessa mesma região, o bloco comprime a mola até parar.

Figura 5.16
Sistema massa-mola com atrito

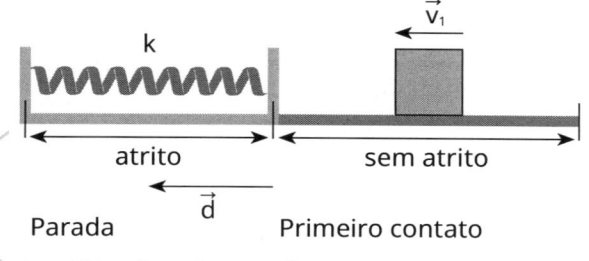

Fonte: Elaborado com base em Halliday; Resnick; Walker, 2012, p. 192.

Determine a distância d do comprimento da mola no instante em que ela começa a ser comprimida e o instante em que o pacote para.

### Solução:

As forças que atuam sobre o bloco quando se encontra na região com atrito são: a força exercida pela mola, a força de atrito, a força peso e a força normal à superfície, conforme a Figura 5.17. Além dessas forças, há também a interação entre a mola e a parede. As interações entre os corpos (mola, bloco, piso e parede) também proporcionam trocas de energias entre si. Assim, a energia cinética do bloco é transferida para a mola na forma de energia potencial e para o piso, provocando um aquecimento das superfícies envolvidas. Ao analisarmos essas forças e as trocas de energia, uma forma de resolver o problema é considerar o sistema parede-mola-piso-bloco como um sistema isolado de modo que a variação da energia seja igual a zero.

Figura 5.17
Diagrama do corpo livre

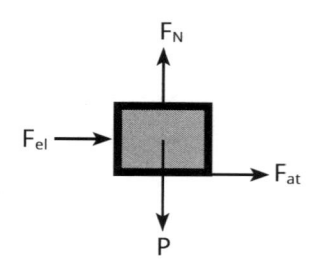

Assim, temos $\Delta E = 0 \rightarrow \Delta K + \Delta U + \Delta E_t = 0$, em que $\Delta E_t = f_k d$. Aplicando as expressões das energias na equação da conservação da energia, encontramos: $K - K_0 + U - U_0 + \Delta E_t = 0 \rightarrow -\frac{m}{2} v_0^2 + \frac{1}{2} kd^2 + f_k d = 0$. Substituindo os valores e fazendo as multiplicações, encontramos a seguinte expressão: $5\,000\, d^2 + 47{,}04\, d - 116{,}64 = 0$. Ao resolvermos a equação do segundo grau, encontramos $d \approx 15$ cm.

## Síntese

Neste capítulo, a relação trabalho-energia foi analisada com base no lançamento de um objeto verticalmente para cima com uma velocidade $\vec{v}_0$; esse corpo cai na sequência. Desprezando a força de resistência do ar, a única força que atua sobre o corpo é seu peso – força gravitacional $\vec{F}_g$. Para essa situação, além da energia cinética associada ao movimento do corpo, há outro tipo de energia, denominada *energia potencial gravitacional*, que está relacionada às forças de atração exercidas pela Terra.

Com base na análise dos movimentos de subida e de descida, é possível constatar que, quando há aumento da energia potencial gravitacional ($\Delta U > 0$), o trabalho realizado é negativo ($W_g < 0$); quando a energia potencial gravitacional diminui ($\Delta U < 0$), o trabalho realizado é positivo ($W_g > 0$). Assim, a variação da energia potencial gravitacional é definida como o negativo do trabalho realizado sobre o corpo pela força gravitacional, ou seja: $W = -\Delta U$ (Equação 5.1).

Quando essa análise é realizada para o sistema massa-mola, como o ilustrado na Figura 5.2, o resultado é o mesmo. Ou seja, quando o bloco é bruscamente empurrado para a direita, a força elástica realiza um trabalho negativo porque atua no sentido contrário ao do deslocamento. Nesse caso, a força elástica transfere energia cinética do bloco para a energia potencial elástica do sistema bloco-mola. Ao realizar o movimento de retorno, após parar, a força elástica ainda tem o mesmo sentido, e o sentido do deslocamento passa a ser o mesmo. Assim, o trabalho realizado pela força elástica é positivo e, após a transferência, a energia potencial elástica do sistema bloco-mola passa a ser a energia cinética do bloco.

As energias potencial gravitacional e elástica podem ser calculadas por meio de expressões matemáticas com base em sistemas bloco-mola ou corpo-Terra, respectivamente. Para tanto, precisamos obter uma relação geral entre uma força conservativa e a energia potencial a ela associada.

Uma força conservativa é capaz de converter energia cinética em energia potencial, e vice-versa. Já uma força que produz uma perda ou dissipação da energia de um sistema é uma força não conservativa ou força dissipativa.

# Trabalho, energia potencial e conservação

Para um corpo de massa m que se movimenta ao longo do eixo y, orientado de baixo para cima, a variação da energia potencial gravitacional do sistema corpo-Terra é dada por: $\Delta U = \int_{y_1}^{y_2} -(-mg)\,dy \rightarrow \Delta U = mg(y_2 - y_1)$ (Equação 5.3). Se tomarmos a energia potencial gravitacional do sistema associada à posição 1 como uma referência e adotarmos $U_1 = 0$ para $y_1 = 0$ e $U_2 = U$ para $y_2 = y$, a Equação 5.3 pode ser escrita da seguinte forma: $U = mgy$ (Equação 5.4). No caso do sistema massa-mola mostrado na Figura 5.5, a variação da energia potencial elástica é igual a $\Delta U = \frac{k}{2}(x_2^2 - x_1^2)$ (Equação 5.5).

A soma das energias cinética e potencial é denominada *energia mecânica* e é dada pela expressão: $E_{mec} = K + U$ (5.7), em que $E_{mec}$ é a energia mecânica, e as energias cinética e potencial são, respectivamente, K e U.

Para um sistema isolado do ambiente, ou seja, quando não há nenhuma força externa interagindo com os objetos constituintes desse sistema e só atuam forças conservativas, com base na equação (4.21), a variação da energia cinética é dada por $W = \Delta K$; e, considerando a equação (5.1), a variação da energia potencial do sistema é $\Delta U = -K$. Igualando as duas equações, teremos a seguinte expressão: $\Delta U = -\Delta K$ ou $\Delta U + \Delta K = 0$ (5.8), ou seja, a quantidade que aumenta uma das energias corresponde exatamente à quantidade que a outra diminuiu.

Escrevendo a equação (5.7) para duas configurações distintas do sistema isolado em que só atuam forças conservativas, teremos: $E_{mec} = K_1 + U_1 = K_2 + U_2$ (5.9), que é constante. Ou seja, para dois estados de configuração diferentes, a energia mecânica é constante. A equação (5.9) representa o princípio de conservação da energia mecânica, cujo enunciado é dado por:

> Se, num sistema isolado, atuam apenas forças conservativas, a energia cinética e a energia potencial podem variar, mas a soma das duas energias, ou seja, a energia mecânica $E_{mec}$ do sistema, permanece constante.

Uma forma de descrever o comportamento do corpo é expressando a energia potencial em função da distância x. Para isso, considere um corpo parte de um sistema. Sobre esse corpo, atua uma força conservativa F(x) na direção do eixo x. Quando o corpo se desloca uma distância $\Delta x$, a força conservativa realiza trabalho sobre o corpo dado por $W = F(x)\Delta x$ (5.10). Esse deslocamento $\Delta x$ produz uma variação da energia potencial ($\Delta U$) dada pela equação $\Delta U = -W$ (5.1). Substituindo o trabalho W pela equação (5.10), temos: $\Delta U = -F(x)\Delta x$ (5.11). Fazendo $\Delta x$ tender a zero e isolando F(x), temos: $F(x) = -\frac{dU}{dx}$ (5.12). Essa equação permite obter uma expressão para F(x) se for conhecida a função da energia potencial U(x) do sistema.

Com relação ao sistema – que pode conter um ou mais corpos – e à força externa que atua sobre ele, o trabalho é definido como a energia transferida para ou do sistema em decorrência de uma força externa. Assim, se o trabalho é positivo, há aumento da energia do sistema; se é negativo, há diminuição da energia. No entanto, quando há mais de uma força externa a atuar sobre o sistema, devemos levar em conta a resultante das forças externas que produzirá a variação de energia do sistema.

A energia total E de um sistema qualquer corresponde à soma da energia mecânica $E_{mec}$ com a energia térmica $E_t$, sem considerar outras formas de energia. Dado um sistema com uma energia E, as alterações em suas energias mecânica e térmica são geradas pelo trabalho ou pelo sistema. Essa situação ocorre em razão da lei da conservação da energia, que afirma que a energia de um sistema somente pode ser alterada se esta for transferida para fora ou para dentro dele. No entanto, a energia não pode ser criada nem destruída, somente convertida de um tipo para outro por meio do trabalho, ou seja, $W = \Delta E$ (Equação 5.24). Portanto, se o sistema estiver isolado, não há troca de energia com o meio externo, não há trabalho realizado e a lei de conservação de energia pode ser enunciada da seguinte forma: Num sistema isolado, a energia do sistema é constante. Ou seja, $E = \Delta 0$ (Equação 5.25).

## Conecte-se

Com relação ao experimento mencionado aqui, sugerimos a aplicação do princípio da conservação da energia mecânica, quando se propõe determinar a constante elástica de uma mola e da velocidade do corpo. E, para aprofundar ainda mais os conceitos de trabalho, energia e sua conservação, indicamos textos que mostram como ocorreram a gênese e a evolução do conceito de energia e a ideia de sua conservação. Finalmente, sugerimos vários simuladores que proporcionam a visualização dos processos físicos que envolvem as energias e suas transformações, principalmente no que diz respeito à conservação.

## Experimentos

LENZ, J. A.; FLORCZAK, M. A. Atividades experimentais sobre conservação da energia mecânica. **Física na Escola**, v. 13, n. 1, 2012. Disponível em: <http://www.sbfisica.org.br/fne/Vol13/Num1/a06.pdf>. Acesso em: 10 nov. 2016.

### Atividade experimental 1

Consiste em determinar a constante elástica da mola K por meio da conservação da energia mecânica a partir de duas posições estáticas da mola e do corpo preso à mola.

### Atividade experimental 2

Outra atividade simples consiste no lançamento de uma mola, quando esta é esticada sobre uma superfície horizontal, com determinada altura h, e depois é solta. A mola é lançada e atinge determinado alcance A.

## Leituras

BAPTISTA, J. P. Os princípios fundamentais ao longo da História da Física. **Revista Brasileira de Ensino de Física**, v. 28, n. 4, p. 541-553, 2006. Disponível em: <http://www.sbfisica.org.br/rbef/pdf/060213.pdf>. Acesso em: 10 nov. 2016.

# Trabalho, energia potencial e conservação

Nesse artigo, discutem-se os princípios fundamentais desenvolvidos ao longo da história da física; ressaltando-se sua natureza empírica, suas características e aplicabilidades. Faz-se também uma análise epistemológica desses princípios ao considerar o desenvolvimento de algumas teorias físicas.

BAPTISTA, J. P.; E FERRACIOLI, L. A evolução do pensamento sobre o conceito de movimento. **Revista Brasileira de Ensino de Física**, v. 21, n. 1, mar. 1999. Disponível em: <http://www.sbfisica.org.br/rbef/pdf/v21_187.pdf>. Acesso em: 8 maio 2016.

Esse artigo é um estudo histórico da evolução do conceito de movimento em teorias físicas propostas na Antiguidade. Com base nas ideias dos filósofos pré-socráticos e nas teorias aristotélicas sobre o movimento, chega-se à formulação do conceito de *impetus* e, por conseguinte, à contribuição de Oresme acerca da representação gráfica do movimento e à Regra de Merton, formulada pelos pensadores do Merton College.

MARTINS, R. de A. Mayer e a conservação da energia. **Cadernos de História e Filosofia da Ciência**, v. 6, p. 63-95, 1984. Disponível em: <http://www.ghtc.usp.br/server/PDF/ram-18.PDF>. Acesso em: 10 nov. 2016.

Esse texto trata de um valiosíssimo trabalho histórico sobre a origem do princípio de conservação da energia formulado por Mayer.

QUEIRÓS, W. P. de; NARDI, R. História do princípio da conservação da energia: alguns apontamentos para a formação de professores. In: SIMPÓSIO NACIONAL DE ENSINO DE FÍSICA, 18., 2009, Vitória. **Anais...** Disponível em: <http://www.cienciamao.usp.br/tudo/exibir.php?midia=snef&cod=_historiadoprincipiodacon>. Acesso em: 10 nov. 2016.

Esse texto descreve aspectos históricos do princípio da conservação da energia, relacionando-o a várias áreas da física e disputas de cientistas como Mayer e Joule.

## Simuladores

A PARTICLE MOVING ALONG AN X AXIS. Halliday. Disponível em: <http://higheredbcs.wiley.com/legacy/college/halliday/0471758019/simulations/fig08_10/fig08_10.html>. Acesso em: 11 nov. 2016.

Mostra a curva de energia potencial em função da posição para três valores de energia mecânica e uma partícula se movendo ao longo do eixo x entre as barreiras de potencial.

BLOCK AND SPRING SYSTEM. Halliday. Disponível em: <http://higheredbcs.wiley.com/legacy/college/halliday/0471758019/simulations/fig08_03/fig08_03.html>. Acesso em: 10 nov. 2016.

Mostra um sistema massa-mola oscilando e as respectivas energias (potencial e cinética) sendo transformadas.

GENERAL Physics Java Applets. Disponível em: <http://surendranath.tripod.com/Applets/Dynamics/Coaster/Coaster.html>. Acesso em: 11 nov. 2016.

Podemos observar que a energia mecânica se conserva com um carrinho descendo e subindo a montanha.

## Atividades de autoavaliação

1. Num sistema massa-mola, um bloco de massa m encontra-se em repouso preso a uma mola (de constante elástica k) fixada na parede, conforme mostra a figura a seguir. No momento em que a mola está

relaxada, uma força $\vec{F}$ constante é aplicada ao conjunto massa-mola, que faz variar a energia cinética do sistema da forma como mostra o gráfico adiante. Ao ser aplicada a força $\vec{F}$, o bloco desliza sobre a superfície sem atrito e para na posição x = 0,1 m.

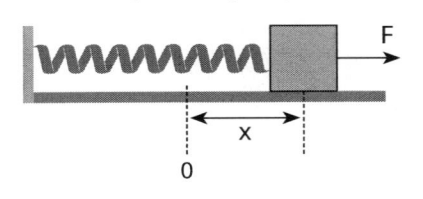

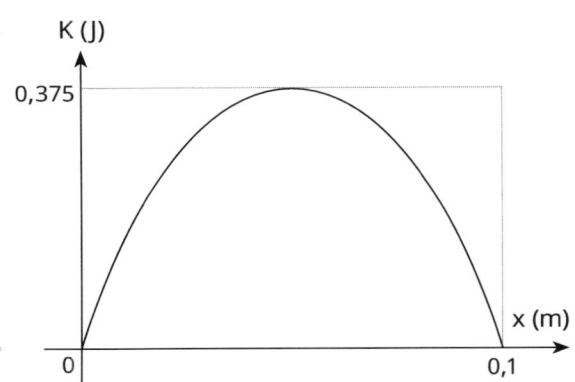

O módulo da força F e a constante elástica k da mola são, respetivamente, iguais a:

a) 15 N e 300 N/m.
b) 16 N e 310 N/m.
c) 17 N e 320 N/m.
d) 18 N e 330 N/m.
e) 19 N e 340 N/m.

2. Na figura a seguir, um carrinho de montanha-russa de 700 kg de massa encontra-se com uma velocidade $v_a$ na posição A em relação ao solo. Durante o movimento do carro, considere g = 9,8 m/s² e despreze o atrito das rodas no trilho.

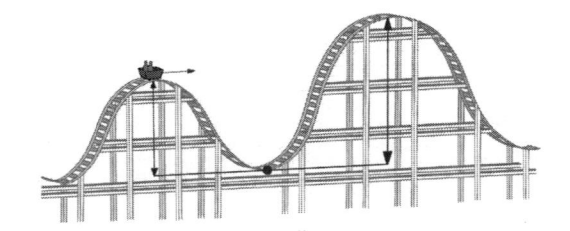

Fonte: Elaborado com base em Energia Mecânica, 2016.

A velocidade do carro no ponto A para que ele atinja o ponto C deve ser igual a:

a) 7,7 m/s.
b) 8,3 m/s.
c) 8,8 m/s.
d) 9,1 m/s.
e) 9,5 m/s.

3. Uma esfera de massa 3 kg está presa ao teto por um fio de massa desprezível e comprimento 120 cm. A esfera é puxada lateralmente da posição de equilíbrio até a posição θ = 25° e, depois, liberada a partir do repouso, conforme mostra a figura a seguir.

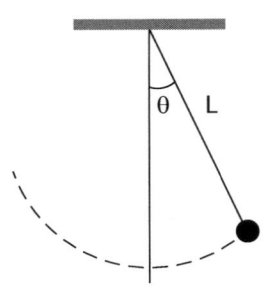

Após atingir o ponto mais baixo da trajetória, a variação da energia potencial gravitacional do sistema esfera-Terra é igual a:

# Trabalho, energia potencial e conservação

a) 5,2 J.
b) –4,5 J.
c) 6,3 J.
d) –7,1 J.
e) –3,3 J.

4. Um bloco de massa 5 kg cai do repouso de uma altura de 80 cm sobre uma mola de constante elástica igual a 2 000 N/m, conforme mostra a figura a seguir.

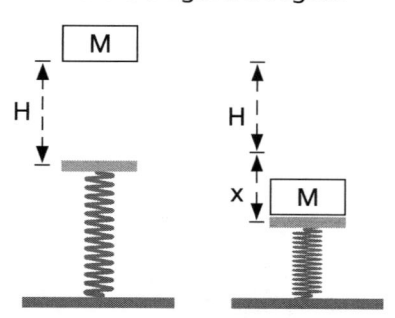

O comprimento máximo da mola quando comprimida é igual a:

a) 20,1 cm.
b) 22,4 cm.
c) 24,5 cm.
d) 27,8 cm.
e) 29,3 cm.

5. Sobre uma partícula de massa m atua uma força conservativa descrita por:

F(x) = –6x + 12,

em que F é dado em N e x, em m. A força atua na direção do eixo x e a energia potencial associada à força F vale –27 J quando x = 0.

O mínimo valor negativo da energia potencial e as posições em que a energia potencial é nula valem, respectivamente,

a) –45 J; –2,5 m; 6,4 m.
b) –43 J; –2,3 m; 6,1 m.
c) –39 J; –1,6 m; 5,6 m.
d) –35 J; –1,3 m; 4,4 m.
e) –33 J; –1,1 m; 3,9 m.

6. Na figura a seguir, um bloco de 2,5 kg é preso a uma mola fixa e está sobre um plano inclinado sem atrito que forma um ângulo de 50° com a horizontal. O bloco é liberado do repouso quando a mola, de constante k = 140 N/m, encontra-se relaxada.

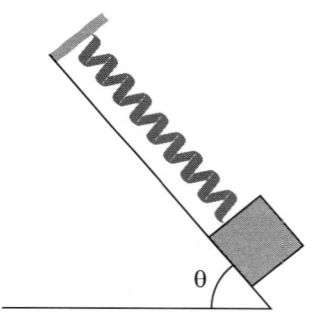

A distância, em cm, percorrida pelo bloco desde o momento em que foi solto até a posição em que para momentaneamente é igual a:

a) 35.
b) 33.
c) 31.
d) 29.
e) 27.

7. A figura a seguir mostra um gráfico da energia potencial U em função da posição x para um corpo de massa igual a 750 g que pode se deslocar ao longo do eixo x sob a ação de uma força conservativa $\vec{F}$. As posições $x_1$ e $x_2$ correspondem aos valores de retorno do corpo sobre o eixo x, ou seja, são as "barreiras de potenciais".

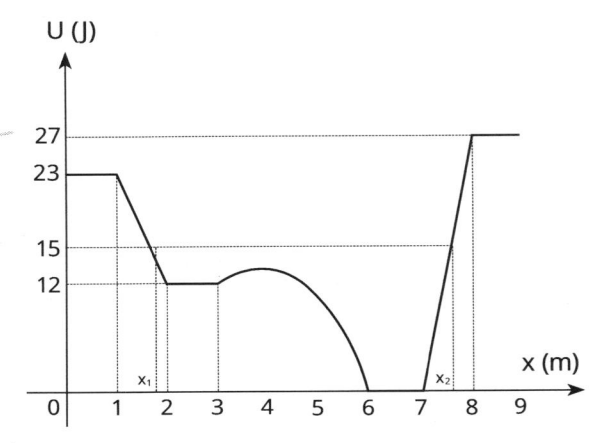

U (J)

27
23

15
12

$x_1$     $x_2$     x (m)
0   1   2   3   4   5   6   7   8   9

A velocidade do corpo (quando x = 2,5 m), a posição $x_1$ do retorno do corpo e o módulo da força entre o intervalo 1 < x < 2 valem, respectivamente,

a) 2 2 m/s; 19/11 m; 11 N.
b) 3 2 m/s; 20/11 m; 10 N.
c) 4 2 m/s ; 21/11 m; 12 N.
d) 5 2 m/s; 22/11 m; 13 N.
e) 7 2 m/s; 23/11 m; 13 N.

8. Uma caixa de fruta de massa 80 kg é puxada por uma força $\vec{F}$ que forma um ângulo de 25° com a horizontal de uma superfície plana. A caixa percorre uma distância de 15 m sobre o piso com velocidade constante. O coeficiente de atrito entre o piso e a caixa é igual a 0,25.

Os módulos das forças $\vec{F}$ e $\vec{F}_N$ normal à superfície do plano e o aumento da energia térmica do sistema caixa-piso valem, respectivamente,

a) 199,1 N; 710 N; 2945,3 J.
b) 197,8 N; 708 N; 2874,5 J.
c) 195,2 N; 705 N; 2756,4 J.
d) 193,7 N; 702 N; 2632,5 J.
e) 191,1 N; 701 N; 2552,2 J.

9. Num parque de diversão, uma criança de 30 kg desliza a partir do repouso sobre um escorregador de 6 m de comprimento que forma um ângulo de 23° com a horizontal. Considerando que o coeficiente de atrito cinético entre o escorregador e a criança é igual a 0,15, a variação da energia térmica do sistema criança-Terra-escorregador é igual a:

a) 243,6 J.
b) 255,4 J.
c) 257,7 J.
d) 260,3 J.
e) 263,3 J.

10. Uma pessoa de 70 kg escorrega por um poste de 7 m de altura a partir do repouso, porém com velocidade constante. Se o coeficiente de atrito cinético entre a pessoa e o poste for igual a 0,2, o aumento da energia térmica do sistema pessoa-poste vale:

a) 4546 J.
b) 4645 J.
c) 4655 J.
d) 4765 J.
e) 4802 J.

# Trabalho, energia potencial e conservação

## Atividades de aprendizagem

### Questões para reflexão

1. Um bloco de massa m move-se horizontalmente com uma velocidade constante v até o ponto O, de onde pode partir para três percursos distintos: Oa, Ob e Oc. Tomando como referência o trecho inicial do movimento, em quais trechos as energias cinética, potencial gravitacional e mecânica são maiores e menores? Em quais trechos essas energias não variam?

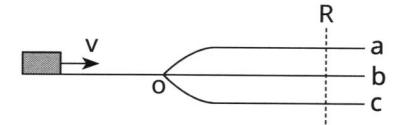

2. Na figura a seguir, uma esfera de massa m é abandonada do repouso de uma altura h e passa a deslizar, sem atrito, pelas rampas da figura. Considerando que a esfera não perde contato com as rampas nos cumes A, B, C e D e que a resistência do ar é desprezível, em qual cume dessas rampas a velocidade será máxima e qual das rampas a esfera não conseguirá superar?

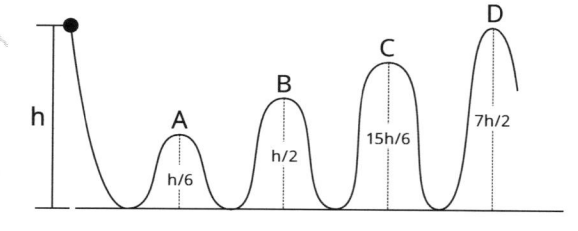

### Atividade aplicada: prática

1. Experimento: Conservação de energia na queda livre de um objeto[i]

    A atividade consiste na realização de um experimento sobre a conservação da energia mecânica. O objetivo é observar e quantificar essa conservação e analisar as imprecisões obtidas das medições das energias envolvidas.

    Materiais necessários:

    - Blocos de madeira com massas aproximadamente iguais, mas com formatos diferentes. Podem ser caixas de fósforos (vazias ou cheias) ou blocos de outros materiais.
    - Cronômetro.

    Para realizar o experimento, acesse o link: <http://efisica.if.usp.br/mecanica/basico/energia/experimento>.

---

i   Fonte: <http://efisica.if.usp.br/mecanica/basico/energia/experimento/>.

# 6. Quantidade de movimento, impulso e conservação

# Quantidade de movimento, impulso e conservação

Chegamos ao capítulo final desta obra. Trataremos aqui da temática que envolve a quantidade de movimento ou momento linear, o impulso e a conservação do momento. Esses conhecimentos complementam nossa abordagem sobre os conceitos associados ao movimento dos corpos. Na verdade, os estudos sobre a medida do movimento foram historicamente iniciados antes mesmo das conclusões de Newton a respeito das interações e do movimento dos corpos, embora muitas questões tenham sido solucionadas somente com a publicação de sua obra.

Os estudos sobre os conceitos físicos mencionados a seguir estão intimamente relacionados à atuação de uma força no decorrer do tempo, ao passo que os estudos referentes às energias se associam à atuação de uma força ao longo do percurso. Portanto, o momento linear, assim como o trabalho, é um conteúdo associado à Segunda Lei de Newton, pois esta se origina da definição de momento linear. Além dessas questões de ordem didática e conceitual, os estudos sobre o momento linear trazem à tona um dos grandes princípios fundamentais da física – a **conservação do momento linear**. Esse princípio é amplamente empregado num número diverso e significativo de problemas de física.

## 6.1 Quantidade de movimento ou momento linear

Tomemos como exemplo um corpo de massa m que se move como uma partícula com uma aceleração constante dada por $\vec{a} = \frac{d\vec{v}}{dt}$. Da Segunda Lei de Newton, temos que

$$\Sigma\vec{F} = m\vec{a} \rightarrow \Sigma\vec{F} = m\frac{d\vec{v}}{dt} \qquad \text{(Equação 6.1)}$$

Considerando que a massa do corpo seja constante, podemos reescrever essa equação como:

$$\Sigma\vec{F} = \frac{d\vec{v}}{dt}(m\vec{v}) \qquad \text{(Equação 6.2)}$$

De acordo com essa equação, o somatório das forças $\Sigma\vec{F}$ que atuam no corpo corresponde à derivada de $(m\vec{v})$ em relação ao tempo. O termo $m\vec{v}$ é definido como momento linear ou quantidade de movimento do corpo e será representado por

$$\vec{p}, \text{ ou seja, } \vec{p} = m\vec{v} \qquad \text{(Equação 6.3)}$$

Assim, quanto maiores forem a massa m e a velocidade v do corpo, maior é o módulo do momento linear, mas sua direção é a mesma do vetor velocidade. Portanto, é importante lembrar que o momento linear é uma grandeza vetorial, ou seja, tem módulo, direção e sentido e, no SI, é representado pela unidade kg · m/s.

Com base na definição do momento linear, podemos reescrever a Segunda Lei de Newton da seguinte forma:

$$\Sigma\vec{F} = \frac{d\vec{p}}{dt} \qquad \text{(Equação 6.4)}$$

Isso nos permite afirmar que a força resultante que atua sobre um corpo ou uma partícula é a derivada do momento linear em relação ao tempo. De outra forma: o somatório das forças que atuam sobre um corpo é igual à taxa de variação em relação ao tempo do momento linear correspondente.

### Exemplo 6.1

Uma bola de massa 500 g move-se com uma velocidade de 7 m/s sobre uma superfície horizontal sem atrito na direção de uma parede vertical. Ao se chocar com a parede, a bola ricocheteia a uma velocidade de 6 m/s. Determine o módulo e o sentido do vetor variação do momento linear (quantidade de movimento) da bola.

### Solução:

Consideramos que a bola se move, inicialmente, no mesmo sentido do eixo x, logo, sua velocidade inicial, contra a parede, é positiva.

A variação da quantidade de movimento da bola é dada pela diferença entre o momento linear final e o inicial, ou seja, $\Delta p = p - p_0$, em que $p_0$ e $p$ são, respectivamente, os momentos lineares inicial e final da bola. Assim, $p = mv$ e $p_0 = mv_0$, em que m é a massa da bola e v e $v_0$ correspondem às velocidades inicial e final, respectivamente. Observemos que a velocidade final é negativa, pois tem sentido contrário ao do eixo x.

Portanto, substituindo os dados, temos: $p = 0,5 \cdot (-6) = -3$ kg · m/s e $p_0 = 0,5 \cdot 7 = 3,5$ kgm/s. Substituindo esses valores em $\Delta p = p - p_0$, teremos: $\Delta p = -3 - 3,5 = -6,5$ kg · m/s. Logo, o módulo do vetor variação da quantidade de movimento é 6,5 kg · m/s e o sentido de atuação desse vetor é negativo em relação ao eixo x.

## 6.2 Teorema impulso momento linear

Quando um jogador chuta uma bola a partir do repouso, ela adquire uma velocidade, portanto, um momento linear, ou quantidade de movimento, que é dado por $m\vec{v}$; a bola adquire momento linear, mas também energia. Então, poderíamos questionar: De onde provém o momento linear adquirido pela bola, uma vez que a energia após o chute resulta do trabalho realizado pela força que o pé do jogador imprime ao objeto? A resposta está na definição de outra grandeza física: **o impulso de uma força $\vec{F}$.**

Tomemos uma força resultante $\Sigma\vec{F}$ constante que atua sobre um corpo de massa m, durante o tempo $\Delta t = t_2 - t_1$. O produto da força resultante $\Sigma\vec{F}$ pelo intervalo de tempo $\Delta t$ é definido como o impulso da força resultante $\vec{J}$:

$$\vec{J} = \Sigma\vec{F}\,\Delta t \quad \text{(Equação 6.5)}$$

# Quantidade de movimento, impulso e conservação

O impulso, assim como a quantidade de movimento, é uma grandeza vetorial e tem mesma direção e sentido do vetor força resultante $\Sigma\vec{F}$. No SI, a unidade de impulso é N · s.

Para forças constantes, a resultante $\Sigma\vec{F}$ e a taxa de variação em relação ao tempo do momento linear $\dfrac{d\vec{p}}{dt}$ são constantes. Nesse caso, $\dfrac{d\vec{p}}{dt}$ poderá ser escrito da seguinte forma:

$$\frac{d\vec{p}}{dt} = \frac{\Delta \vec{p}}{\Delta t} = \frac{\vec{p}_2 - \vec{p}_1}{t_2 - t_1} \quad \text{(Equação 6.6)}$$

E a Segunda Lei de Newton é dada por: $\Sigma\vec{F} = \dfrac{\vec{p}_2 - \vec{p}_1}{t_2 - t_1}$, que, ao ser multiplicado por $(t_2 - t_1)$, resulta em

$$\Sigma\vec{F} \cdot (t_2 - t_1) = \vec{p}_2 - \vec{p}_1 \quad \text{(Equação 6.7)}$$

Essa expressão corresponde ao **teorema impulso momento linear** e é representada por:

$$\vec{J} = \vec{p}_2 - \vec{p}_1 = \Delta \vec{p} \quad \text{(Equação 6.8)}$$

O teorema pode ser definido como:

> A variação do momento linear num intervalo de tempo $\Delta t$ é igual ao impulso da força resultante que atua sobre o corpo durante esse intervalo de tempo.

Esse teorema também é válido quando as forças não são constantes, ou seja, variam em relação ao tempo. Nesse caso, o cálculo do impulso é dado por:

$$\vec{J} = \int_{t_1}^{t_2} \Sigma \vec{F}\, dt \quad \text{(Equação 6.9)}$$

Quando as forças variam em relação ao tempo, o impulso também pode ser obtido empregando-se o gráfico $\Sigma F$ *versus* tempo, correspondendo à área sob essa curva, conforme mostra o Gráfico 6.1, a seguir.

Gráfico 6.1
Impulso de uma força variável e força média

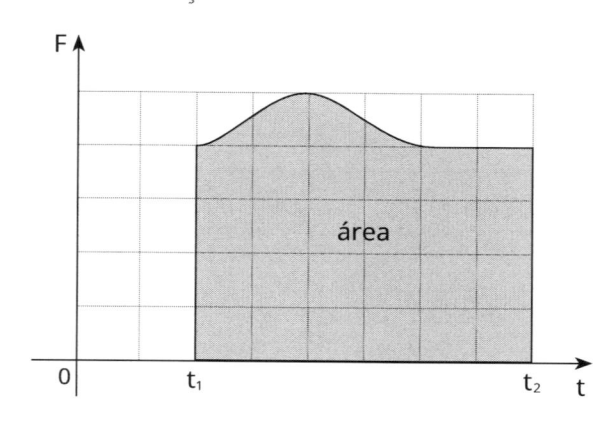

No gráfico, a área compreendida sob a curva F × t no intervalo de tempo $\Delta t = t_2 - t_1$ é numericamente igual ao impulso da força resultante $\Sigma F$ sobre um corpo de massa m. A esse impulso, correspondente à area definida no gráfico, pode-se atribuir uma força média $F_M$, que produz a mesma área sob a curva, cujo valor é numericamente igual a esse impulso, ou seja,

$$\vec{J} = \vec{F}_M(t_2 - t_1) \quad \text{(Equação 6.9)}$$

Figura 6.1
Impulso de uma força variável e força média

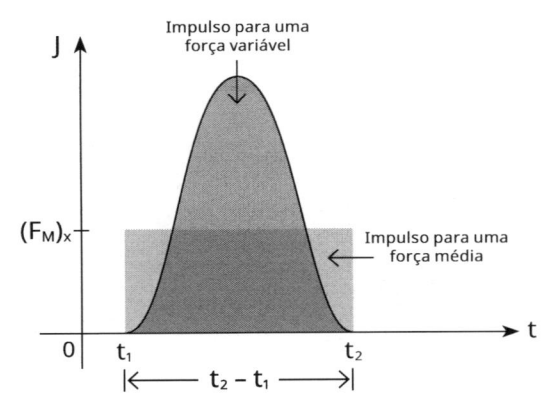

### Exemplo 6.2

Tomando como base a situação descrita no Exemplo 6.1, determine o módulo e o sentido do impulso em razão da força exercida pela parede sobre a bola.

### Solução:

O impulso da força exercida sobre a bola é igual à variação da quantidade de movimento ou do momento linear, que vale $\Delta p = -3 - 3{,}5 = -6{,}5$ kg · m/s. Portanto, com base na equação $\vec{J} = \vec{p}_2 - \vec{p}_1 = \Delta\vec{p}$, o módulo do impulso será J = 6,5 N · s, com sentido negativo do eixo x.

### Exemplo 6.3

Com relação ao contexto do Exemplo 6.1, considere o tempo de colisão igual a 1 m/s. Determine a força média que a parede exerce sobre a bola e seu sentido de atuação.

### Solução:

Para obtermos a força média, devemos considerar que o tempo de atuação dessa força seja o mesmo que o da força que realmente atua sobre a bola. Assim, o impulso produzido pela força exercida pela parede sobre a bola pode ser dado pela equação $\vec{J} = \vec{F}_M \Delta t$, em que $F_M$ é a força média e $\Delta t(t_2 - t_1)$ é o intervalo de tempo considerado. Substituindo os valores, temos: $-6{,}5 = F_M \cdot 0{,}001 \rightarrow F_M = -6\,500$ N. O sentido da força é contrário ao eixo x.

Figura 6.2
Dois astronautas no espaço

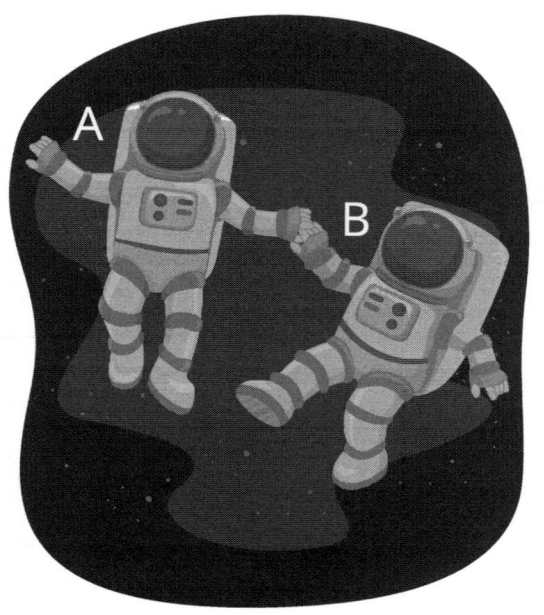

## 6.3 Conservação da quantidade de movimento

O momento linear, ou quantidade de movimento, relaciona-se com a força, quando uma força externa age sobre um corpo ou sistema. E, quando isso ocorre, essa força produz uma variação no momento linear descrito pelo teorema impulso momento linear. Contudo, se considerarmos um sistema em que não atua força externa alguma sobre os corpos que o constituem, não há impulso produzido e o momento linear não se altera, ainda que ocorra interação entre os corpos que integram o conjunto. Essas interações físicas entre os corpos são denominadas *forças internas*, já a interação entre um corpo externo e o sistema ou qualquer parte dele é denominada *força externa*.

Na Figura 6.2 a seguir, os dois astronautas, A e B, encontram-se no espaço e nenhuma força externa atua sobre eles, logo constituem um sistema isolado.

Os dois exercem mutuamente uma força entre eles: $\vec{F}_{AB}$ é a força que o astronauta B exerce sobre o astronauta A e $\vec{F}_{BA}$ é a força que o astronauta A exerce sobre o B – essas forças são internas e constituem o par ação-reação da Terceira Lei de Newton. Ao considerarmos os corpos individualmente, a força $\vec{F}_{AB}$ é a resultante sobre o astronauta A e produz uma variação de seu momento, dado por:

$$\vec{F}_{AB} = \frac{d\vec{p}_A}{dt} \quad \text{(Equação 6.11)}$$

Da mesma forma, sobre o astronauta B temos:

$$\vec{F}_{BA} = \frac{d\vec{p}_B}{dt} \quad \text{(Equação 6.12)}$$

Assim, os momentos lineares de cada corpo variam, porém de forma dependente, em virtude da Terceira Lei de Newton; e as forças ação-reação têm mesmo módulo, mesma direção e sentidos contrários. Ou seja,

$$\vec{F}_{AB} = -\vec{F}_{BA} \tag{Equação 6.13}$$

Como os momentos lineares têm a mesma direção das forças que os produzem, os momentos $\vec{p}_A$ e $\vec{p}_B$ têm, respectivamente, os mesmos sentidos que as forças $\vec{F}_{AB}$ e $\vec{F}_{BA}$, logo, têm módulos e direções iguais e sentidos contrários.

Com base na Equação 6.13, podemos escrever: $\vec{F}_{AB} + \vec{F}_{BA} = \vec{0}$. Substituindo as Equações 6.11 e 6.12 nessa expressão, encontramos:

$$\frac{d\vec{p}_A}{dt} + \frac{d\vec{p}_B}{dt} = \vec{0} \tag{Equação 6.14}$$

Definimos, então, o momento total:

$$\vec{P} = \vec{p}_A + \vec{p}_B \tag{Equação 6.15}$$

Assim, podemos escrever que

$$\frac{d\vec{p}}{dt} = \vec{0} \tag{Equação 6.16}$$

Essa expressão corresponde à lei de conservação do momento linear, cujo enunciado é:

> Quando a soma vetorial das forças externas que atuam sobre um sistema é igual a zero, o momento linear total do sistema é constante.

Com base na Equação 6.15, podemos ainda escrever:

$$\vec{P} = \text{constante} \tag{Equação 6.17}$$

para um sistema isolado ou

$$\vec{P}_i = \vec{P}_f \tag{Equação 6.18}$$

sendo $\vec{P}_i$ o momento total do sistema no instante $t_i$, e $\vec{P}_f$, o momento total no instante $t_f$.

### Exemplo 6.4

A Figura 6.3, a seguir, mostra um foguete de massa M no espaço sideral sem influência gravitacional e com uma velocidade de 8 700 km/h em relação ao Sol. Num dado instante, uma parte do foguete (estágio) é desacoplada da cápsula, fazendo o foguete perder 65% de sua massa. Com essa separação, a cápsula do foguete passa a viajar 2 000 km/h mais rápido que o estágio. Determine a velocidade da cápsula e do estágio do foguete em relação ao Sol após a separação das partes do conjunto.

# Quantidade de movimento, impulso e conservação

Figura 6.3
Foguete no espaço sideral

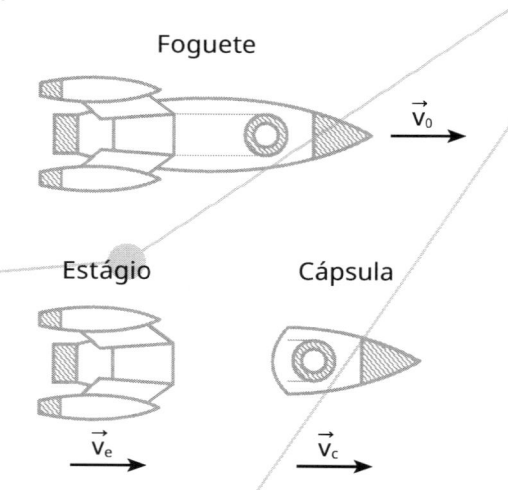

**Solução:**

O sistema é formado pelo foguete, que, por sua vez, é constituído pelo estágio e pela cápsula. Sobre o sistema não atua força externa alguma, portanto, o momento linear é conservado – antes e depois da separação. Assim, $\vec{P}_0 = \vec{P}$, em que é $\vec{P}_0 = M\vec{v}_0$ é o momento linear inicial do sistema, M é a massa total do foguete e $v_0$ é a velocidade antes da separação do estágio; $\vec{P} = 0{,}65\, M\vec{v}_e + 0{,}35\, M\vec{v}_c$ é o momento linear final do sistema, $\vec{v}_e$ é a velocidade do estágio em relação ao Sol e $\vec{v}_c$ é a velocidade da cápsula, tendo o mesmo referente. Notemos que as massas do estágio e da cápsula foram substituídas na equação considerando-se massa do foguete de forma proporcional. Assim, a conservação do momento fica:

$$M\vec{v}_0 = 0{,}65\, M\vec{v}_e + 0{,}35\, M\vec{v}_c \rightarrow \div M \rightarrow \vec{v}_0 = 0{,}65\, \vec{v}_e + 0{,}35\, \vec{v}_c \,(a).$$

Na conservação do momento linear, as velocidades $\vec{v}_e$ e $\vec{v}_c$ são as incógnitas e não temos como resolver se não houver outra equação. Essa equação pode ser obtida considerando-se a velocidade da cápsula em relação ao estágio e as outras velocidades, tendo como referente o Sol, ou seja, $\vec{v}_c = \vec{v}_{rel} + \vec{v}_e$, em que $\vec{v}_c$ é a velocidade da cápsula, $\vec{v}_e$ é a velocidade do estágio e $v_{rel}$ é a velocidade relativa da cápsula em relação ao estágio. Explicitando $\vec{v}_e$ e realizando a substituição na equação (a), teremos $\vec{v}_0 = 0{,}65\,(v_c - v_{rel}) + 0{,}35\, v_c \rightarrow v_c = v_0 + 0{,}65\, v_{rel}$ ou $v_c = 8\,700 + 0{,}65 \cdot 2\,000 = 10\,000$ km/h. E $v_e = 10\,000 - 2\,000 = 8\,000\,\dfrac{km}{h}$.

## 6.4 Colisões

As colisões são bastante frequentes em nosso dia a dia. Situações do tipo ocorrem num jogo de bilhar, por exemplo, no qual as bolas chocam-se constantemente. Para uma análise completa das colisões, avaliaremos as energias envolvidas e os momentos lineares em questão, pois estes especificam o tipo de colisão – caso a energia mecânica seja conservada ou não.

Quando ocorre uma colisão, os corpos interagem entre si graças às forças envolvidas e, caso essas forças sejam conservativas, a energia mecânica do sistema é conservada. Isso significa que a energia cinética total do sistema também é conservada, portanto, é a mesma antes e depois da colisão. Quando isso ocorre, a colisão é dita *colisão elástica*. No entanto, se, no sistema, ocorrerem forças dissipativas, não há conservação da energia mecânica e a colisão é denominada *colisão inelástica*. As duas categorias ocorrem na prática, porém as colisões elásticas devem ser consideradas uma boa aproximação, como quando uma bola de borracha quica sobre uma superfície dura de cimento. Nesse caso, as perdas de energia podem ser desprezíveis por serem muito pequenas e a energia cinética pode ser considerada constante.

No entanto, as perdas de energia podem estar relacionadas às transformações de energia em outras modalidades energéticas, como a térmica ou até mesmo a sonora. Nesse caso, as colisões são do tipo **inelástica**, em virtude da não conservação da energia mecânica. No entanto, se, numa colisão, os corpos permanecerem juntos, a colisão será do tipo **perfeitamente inelástica**, como ocorre quando um projétil fica encrustado no bloco de madeira.

Em todas as colisões, entretanto, se não há atuação de forças externas, o momento linear ou a quantidade de movimento é conservado e o sistema é isolado, ou seja, nenhuma partícula entra no sistema ou sai dele – o sistema é fechado. Nesse caso, o momento linear total antes e depois da colisão é igual, mas a energia cinética nem sempre se conserva. Contudo, quando as forças externas são diferentes de zero, não há conservação do momento linear, pois a resultante das forças produz variações nele.

### 6.4.1 Colisões inelásticas

A Figura 6.4 mostra uma colisão inelástica entre dois corpos de massas $m_1$ e $m_2$ e, respectivamente, com velocidades $v_{1i}$ e $v_{2i}$. Após se chocarem, esses corpos adquirem velocidades iguais a $v_{Af}$ e $v_{Bf}$. Os índices i e f indicam, respectivamente, o momento antes e depois da colisão.

# Quantidade de movimento, impulso e conservação

Figura 6.4
Colisão inelástica

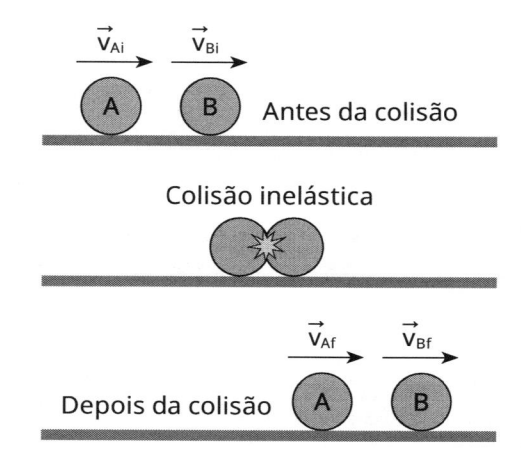

Antes da colisão

Colisão inelástica

Depois da colisão

Os dois corpos da figura constituem um sistema isolado; logo, o momento linear total é conservado. Desse modo, podemos escrever que $\vec{P}_A = \vec{P}_B$ ou $\vec{P}_{Ai} + \vec{P}_{Bi} = \vec{P}_{Af} + \vec{P}_{Bf}$ – representando a conservação do momento linear em uma dimensão. Substituindo as respectivas velocidades e massas na equação encontrada, temos:

$$m_A\vec{v}_{Ai} + m_B\vec{v}_{Bi} = m_A\vec{v}_{Af} + m_B\vec{v}_{Bf} \qquad \text{(Equação 6.19)}$$

Nessa equação, se forem conhecidas as massas e velocidades iniciais e uma das velocidades finais, por exemplo, $\vec{v}_{Bf}$, podemos obter a velocidade $\vec{v}_{Af}$.

### Exemplo 6.5

A Figura 6.5 a seguir ilustra um choque provocado por dois corpos com velocidades, em módulos iguais, a $v_{A1} = 3$ m/s e $v_{B1} = 4$ m/s. As massas dos corpos são iguais a $m_A = 0{,}6$ kg e $m_B = 0{,}4$ kg e e a velocidade do corpo B, após o choque é $v_{B1} = 2$ m/s, em módulo. Determine o módulo da velocidade do corpo A após o choque e a porcentagem da energia cinética perdida na colisão.

Figura 6.5
Colisão inelástica frontal

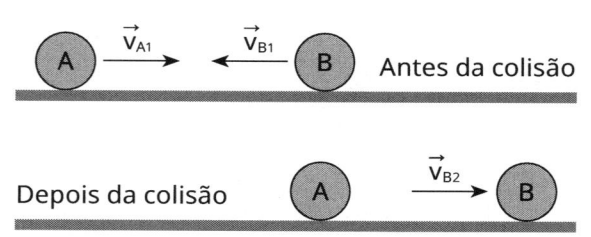

Antes da colisão

Depois da colisão

Solução:

Como não há forças externas qua atuaram sobre o sistema, o momento linear é conservado e dado por: $\vec{P}_0 = \vec{P}$, sendo: $\vec{P}_0 = m_A\vec{v}_{A1} + m_B\vec{v}_{B1}$ (a), em que as massas e as velocidades antes do choque aparecem no segundo membro da equação; e $\vec{P} = m_A\vec{v}_{A2} + m_B\vec{v}_{B2}$ (b), na qual, igualmente, aparecem as massas e as velocidades dos corpos no segundo membro da equação.

Igualando as equações (a) e (b) e explicitando a velocidade do corpo A depois do choque, encontramos:

$$v_{A2} = \frac{1}{m_A}(m_A v_{A1} + m_B v_{B1} - m_B v_{B2}).$$

Substituindo os dados, o resultado é: $v_{A2} = \frac{1}{0,6}(0,6 \cdot 3 + 0,4 \cdot (-4) - 0,4 \cdot 2) \rightarrow v_{A2} = 1$ m/s.

A energia cinética do sistema antes do choque era:

$$E_{c1} = \frac{1}{2}(m_A v_{A1}^2 + m_B v_{B1}^2) = \frac{1}{2}(0,6 \cdot 3^2 + 0,4 \cdot (-4)^2) \rightarrow (E_{c1} = 5,9 \text{ J; depois do choque será:}$$

$$E_{c2} = \frac{1}{2}(m_A v_{A2}^2 + m_B v_{B2}^2) = \frac{1}{2}(0,6 \cdot 1^2 + 0,4 \cdot 2^2) \rightarrow E_{c1} = 1,1 \text{ J}.$$

A fração de energia perdida no choque é igual a $\frac{E_{c2} - E_{c1}}{E_{c1}} = \frac{4,8}{5,9} = 0,813$, que corresponde a 81,3% da energia cinética inicial.

### 6.4.1.1 Colisão perfeitamente inelástica

Numa colisão perfeitamente inelástica, os corpos permanecem juntos após a colisão, e a energia cinética não é conservada, conforme mostra a Figura 6.6, a seguir. Nesse caso, e em particular, o corpo B encontra-se em repouso quando o corpo A choca-se com B. Aplicando a conservação do momento linear, temos:

$\vec{P}_i = \vec{P}_f$ ou $\vec{p}_{Ai} = \vec{p}_f$ (Equação 6.18)

Substituindo as massas e velocidades, temos:

$m_A\vec{v}_{Ai} = (m_A + m_B)\vec{v}$ (Equação 6.20)

# Quantidade de movimento, impulso e conservação

**Figura 6.6**
Colisão perfeitamente inelástica com o corpo B em repouso

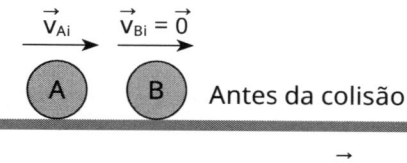

$\vec{v}_{Ai}$  $\vec{v}_{Bi} = \vec{0}$

A   B   Antes da colisão

$\vec{v}$

Depois da colisão   A B

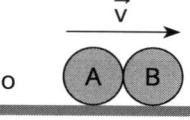

### Exemplo 6.6

Numa colisão perfeitamente inelástica, os corpos A e B têm massas respectivamente iguais a 5 kg e 7 kg; o corpo B está inicialmente em repouso, enquanto A apresenta uma velocidade de 15 m/s. O corpo A choca-se com o corpo B, conforme mostra a Figura 6.6. Determine a velocidade do conjunto após o choque.

### Solução:

O sistema é formado pelo conjunto dos corpos e, como não há forças externas atuando sobre ele, o momento linear é conservado. Logo, $\vec{P}_i = \vec{P}_f$. Substituindo as massas e velocidades, temos: $m_A v_{A1} = (m_A + m_B)v$, em que $m_A$ e $m_B$ são as massas dos corpos A e B, respectivamente; $v_{A1}$, é a velocidade do corpo A antes do choque; e $v$ é a velocidade do conjunto depois da colisão. Substituindo os valores e explicitando v, temos:

$$v = \frac{5 \cdot 15}{5 + 7} = \frac{75}{12} = 6{,}25 \text{ m/s.}$$

### 6.4.2 Colisões elásticas

Nas colisões elásticas, a energia cinética total do sistema é conservada, embora os corpos possam variar essas energias de forma individual. A Figura 6.7, a seguir, ilustra uma colisão elástica para o corpo B em repouso.

**Figura 6.7**
Colisão elástica para o corpo B em repouso

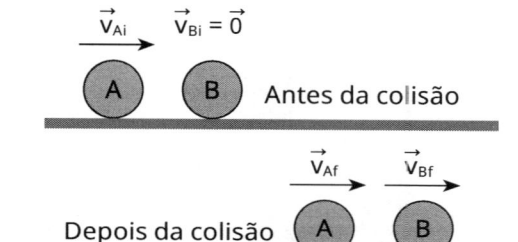

$\vec{v}_{Ai}$  $\vec{v}_{Bi} = \vec{0}$

A   B   Antes da colisão

$\vec{v}_{Af}$   $\vec{v}_{Bf}$

Depois da colisão   A   B

Aplicando a conservação do momento linear, obtemos:

$$m_A v_{Ai} = m_A v_{Af} + m_B v_{Bf} \qquad \text{(Equação 6.21)}$$

Para a energia cinética:

$$\frac{1}{2} m_A v_{Ai}^2 = \frac{1}{2} m_A v_{Af}^2 + \frac{1}{2} m_B v_{Bf}^2$$

(Equação 6.22)

em que os índices i e f correspondem aos instantes antes e depois do choque. Usando a Equação 6.21, reescrevemos: $m_B v_{Bf} = m_A (v_{Ai} - v_{Af})$ (Equação 6.23)

Equação 6.22, ao ser multiplicada por 2, pode ser reescrita da seguinte forma:

$$m_B v_{Bf}^2 = m_A(v_{Ai}^2 - v_{Af}^2) = m_A(v_{Ai} - v_{Af})(v_{Ai} + v_{Af})$$
(Equação 6.24)

Dividindo a Equação 6.24 pela 6.23, encontramos a seguinte expressão:

$$v_{Bf} = v_{Ai} + v_{Af} \quad \text{(Equação 6.25)}$$

Substituindo a Equação 6.25 na 6.24, obtemos:

$$m_B(v_{Ai} + v_{Af})^2 = m_A(v_{Ai} - v_{Af})(v_{Ai} + v_{Af}) \rightarrow m_B(v_{Ai} + v_{Af}) = m_A(v_{Ai} - v_{Af})$$
(Equação 6.26)

Reagrupando e evidenciando $V_{af}$:

$$v_{Af} = \frac{m_A - m_B}{m_A + m_B} v_{Ai} \quad \text{(Equação 6.27)}$$

Levando esse resultando na Esquação 6.25, tem-se: $v_{Bf} = v_{Ai} \dfrac{m_A - m_B}{m_A + m_B} v_{Ai}$
(Equação 6.28)

Reagrupando, chegamos ao seguinte resultado; $v_{Bf} = \dfrac{2m_A}{m_A + m_B} v_{Ai}$ (Equação 6.29)

Os resultados mostram que $v_{Bf}$ é sempre positiva e que $v_{Af}$ pode ser positiva ou negativa. Caso $m_A > m_B$, a velocidade final do bloco A será positiva; e será negativa se $m_A < m_B$, pois o corpo de menor massa ricocheteia.

As Equações 6.27 e 6.29 ainda podem evidenciar outros resultados:

- Se as massas são iguais, $m_A = m_B$, os resultados conduzem às seguintes conclusões: $v_{Af} = 0$ e $v_{Bf} = v_{Ai}$. Esse resultando é comum em jogo de sinuca, quando uma bola, após se chocar com outra, fica parada, e a segunda bola adquire a velocidade da primeira. Em colisões elásticas frontais com corpos de mesma massa, após o choque, os corpos trocam de velocidade.
- Se $m_B \gg m_A$, as equações dão como resultado: $v_{Af} \approx -v_{Ai}$ e $v_{Bf}$ tende a zero. Nessa situação, o corpo A ricocheteia com a velocidade aproximadamente igual à velocidade inicial; e o corpo B permanece praticamente em repouso – o que é esperado.
- Se $m_A \gg m_B$, as equações têm como resultado: $v_{Af} \approx v_{Ai}$ e $v_{Bf} \approx 2v_{Ai}$. Isso também é esperado, pois o corpo de maior massa não encontraria, praticamente, nenhuma resistência a seu movimento; enquanto o corpo B passaria a ter o dobro da velocidade do corpo A – o que é o caso inverso de um corpo chocar-se contra uma parede, por exemplo.

### Exemplo 6.7

Num sistema isolado, uma bola de massa 3 kg desliza sobre uma superfície horizontal sem atrito com uma velocidade de 5 m/s, quando atinge outra, de massa 2 kg, em repouso. Após a colisão, as duas bolas movem-se conforme ilustra a Figura 6.7, mostrada anteriormente. Determine as velocidades das bolas após o choque considerando que a colisão é do tipo elástica.

# Quantidade de movimento, impulso e conservação

Solução:

Como o sistema é conservativo, há conservação da energia cinética, por não existirem forças externas, o sistema é isolado, e o momento linear é conservado. A situação descrita corresponde ao caso em que um dos corpos antes do choque se encontra em repouso; logo, as Equações 6.26 e 6.28 são aplicáveis e são dadas por: $v_{Af} = \dfrac{m_A - m_B}{m_A + m_B} v_{Ai}$ e $v_{Bf} = \dfrac{2m_A}{m_A + m_B} v_{Ai}$. Substituindo os valores nas equações, temos: $v_{Af} = \dfrac{3-2}{3+2} \cdot 5 = 1$ m/s e $v_{Bf} = \dfrac{2 \cdot 3}{3+2} \cdot 5 = 6$ m/s.

Outra situação que pode ocorrer numa colisão elástica é o corpo B estar em movimento, conforme ilustra a Figura 6.8 a seguir.

Figura 6.8
Colisão elástica com os corpos em movimento

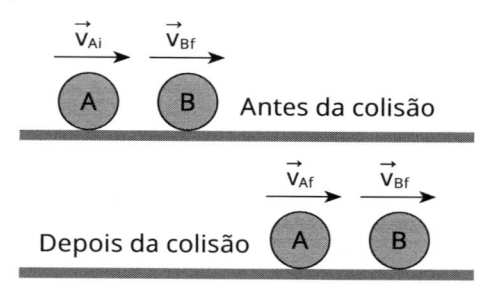

Nesse caso, ao aplicarmos as conservações do momento linear e da energia cinética, respectivamente, teremos:

$$m_A v_{Ai} + m_B v_{Bi} = m_A v_{Af} + m_B v_{Bf} \qquad \text{(Equação 6.30)}$$

Para a energia cinética: $\dfrac{1}{2} m_A v_{Ai}^2 + \dfrac{1}{2} m_B v_{Bi}^2 = \dfrac{1}{2} m_A v_{Af}^2 + \dfrac{1}{2} m_B v_{Bf}^2$ (Equação 6.31)

Reescrevendo a Equação 6.30, temos:

$$m_A (v_{Ai} - v_{Af}) = - m_B (v_{Bf}) \qquad \text{(Equação 6.32)}$$

E, ao reescrevermos a Equação 6.31: $m_A (v_{Ai} - v_{Af})(v_{Ai} + v_{Af}) = - m_B (v_{Bi} - v_{Bf})(v_{Bi} + v_{Bf})$ (Equação 6.33)

Agora, dividimos a Equação 6.33 pela 6.32 e obtemos a seguinte equação:

$$(v_{Ai} + v_{Af}) = (v_{Bi} + v_{Bf}) \rightarrow v_{Af} = v_{Bi} + v_{Bf} - v_{Ai} \qquad \text{(Equação 6.34)}$$

Para encontrarmos a velocidade $v_{Bf}$, substituímos a Equação 6.34 pela 6.32 e reagrupamos os termos, explicitando $v_{Bf}$:

$m_A v_{Ai} - m_A (v_{Bi} + v_{Bf} - v_{Ai}) = - m_B (v_{Bi} - v_{Bf}) \rightarrow m_A v_{Ai} - m_A v_{Bi} - m_A v_{Bf} + m_A v_{Ai} = - m_B v_{Bi} + m_b v_{bf} \rightarrow$

$- v_{Bf}(m_A + m_b) = - 2m_A v_{Ai} + v_{Bi}(m_A - m_B) \rightarrow v_{Bf} = \dfrac{2m_A}{m_A + m_B} v_{Ai} + \dfrac{(m_B - m_A)}{(m_A + m_B)} v_{Bi}$ (Equação 6.35)

Para obter $v_{Af}$, levamos o resultado da Equação 6.34 na 6.33, fazendo alguns reagrupamentos:

$$v_{Af} = v_{Bi} - v_{Ai} + \frac{2m_A}{m_A + m_B} v_{Ai} + \frac{(m_B - m_A)}{(m_A + m_B)} v_{Bi} \rightarrow v_{Af} =$$

$$\frac{v_{Bi}(m_A + m_B) - v_{Ai}(m_A + m_B) + 2m_A v_{Ai} + v_{Bi}(m_B - m_A)}{m_A + m_B} \rightarrow v_{Af} = \frac{2m_B}{m_A + m_B} v_{Bi} + \frac{m_A - m_B}{m_A + m_B} v_{Ai}$$

(Equação 6.36)

### Exemplo 6.8

Numa superfície lisa, duas esferas A e B de massas 3 kg e 5 kg, respectivamente, encontram-se em movimento uma próxima da outra com velocidades iguais a $v_A = 8$ m/s e $v_B = 2$ m/s, conforme mostra a Figura 6.8, exibida anteriormente. Durante o choque, não ocorrem perdas de energia cinética do sistema e o momento linear se conserva. Determine as velocidades das esferas após o choque.

### Solução:

Como o sistema é conservativo, as Equações 6.35 e 6.36 podem ser aplicadas. As equações são dadas por:

$$v_{Af} = \frac{2m_B}{m_A + m_B} v_{Bi} + \frac{m_A - m_B}{m_A + m_B} v_{Ai}$$

(Equação 6.36)

$$\text{e } v_{Bf} = \frac{2m_A}{(m_A + m_B)} v_{Ai} + \frac{(m_B - m_A)}{(m_A + m_B)} v_{Bi}$$

(Equação 6.35)

Substituindo os valores informados, obtemos:

$$v_{Af} = \frac{2 \cdot 5}{3 + 5} 2 + \frac{3 - 5}{3 + 5} 8 = 0{,}5 \text{ m/s} \quad \text{e} \quad v_{Bf} = \frac{2 \cdot 3}{3 + 5} 8 + \frac{5 - 3}{3 + 5} 2 = 6{,}5 \text{ m/s}.$$

## 6.5 Sistema de massa variável: propulsão de um foguete

Nos sistemas estudados até o momento, as aplicações da conservação do momento consideram a massa uma grandeza constante do sistema e, ao aplicarmos a Segunda Lei de Newton $\Sigma \vec{F} = \frac{d}{dt}(m\vec{v})$ (Equação 6.37), a derivada da massa em relação ao tempo é zero. No entanto, há situações em que

# Quantidade de movimento, impulso e conservação

a massa dos corpos que constituem o sistema varia, como no caso dos foguetes lançados para o espaço. Nessa situação, a massa é reduzida em determinados estágios quando o foguete vai reduzindo seu tamanho e massa, constantemente ejetada pela queima do combustível.

A Figura 6.9, a seguir, ilustra um foguete no espaço sideral com uma massa total M, uma velocidade $\vec{v}$ em relação a um referencial inercial e num instante t, em que a gravidade pode ser desprezada e o meio é o vácuo. Após um intervalo de tempo dt, uma quantidade de massa dM é ejetada do foguete na forma de gás e o foguete passa a ter um incremento de velocidade ($\vec{v} + d\vec{v}$), quando a variação dM apresenta um valor negativo. Os gases liberados do foguete, pela exaustão da queima do combustível e para o mesmo intervalo de tempo dt, têm massa igual a –dM e velocidade $\vec{U}$ também em relação ao referencial inercial.

Figura 6.9
Sistema de massa variável

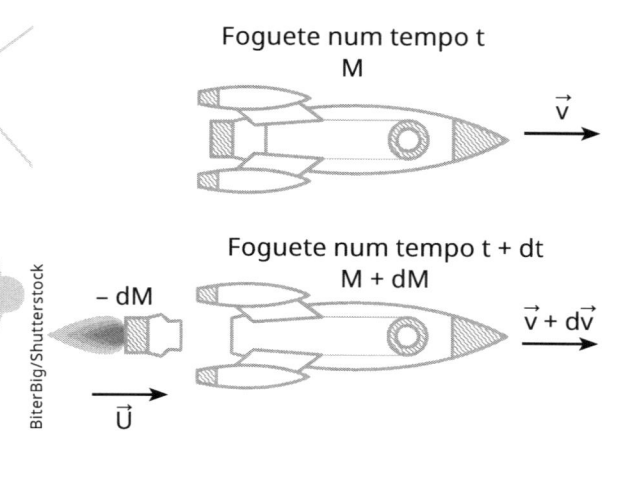

O foguete com massa M e velocidade $\vec{v}$ num tempo $\vec{t}$ e os gases da exaustão ejetados pela queima de combustível no intervalo de tempo dt constituem o sistema, que é **fechado e isolado**. O momento linear inicial total $\vec{P}_i$ e final $\vec{P}_f$ do sistema é conservado nos instantes t e t + dt, ou seja:

$$\vec{P}_i = \vec{P}_f \qquad \text{(Equação 6.38)}$$

em que o índice i corresponde ao instante t, e o índice f, ao instante t + dt.

A Equação 6.37 pode ser escrita considerando-se os respectivos momentos lineares associados aos instantes inicial e final, ou seja, momento linear do sistema no instante t e t + dt. Assim,

$$Mv = -dM\,U + (M + dM)(v + dv)$$

$$\text{(Equação 6.39)}$$

em que os termos do segundo membro correspondem, respectivamente, ao momento linear dos gases de exaustão ejetados no intervalo de tempo dt e ao momento linear do foguete no instante t + dt.

Na Equação 6.38, a velocidade U pode ser associada à velocidade relativa $\vec{v}_{rel}$ entre o foguete e os gases ejetados e a velocidade do foguete em relação ao referencial inercial:

$$(v + dv) = U + v_{rel} \qquad \text{(Equação 6.40)}$$

Evidenciando U e substituindo na Equação 6.39, obtemos: $Mv = -dM(v + dv - v_{rel}) + (M + dM)(v + dv)$. Fazendo a distributiva nos termos dessa equação, teremos: $Mv = -dM\,v - dM\,dv + v_{rel}\,dM + Mv + M\,dv + v\,dM + dM\,dv$. Simplificando, o resultado é:

$v_{rel}dM + Mdv = 0$ \hfill (Equação 6.41)

A separação das variáveis da Equação 6.41 resulta na seguinte equação:

$dv = -v_{rel}\dfrac{dM}{M}$.

Integrando para os limites inicial e final da velocidade e da massa, teremos:

$$\int_{v_0}^{v} dv = -v_{rel}\int_{M_0}^{M}\dfrac{dM}{M} \rightarrow v - v_0 = v_{rel}\ln\dfrac{M_0}{M}$$
\hfill (Equação 6.42)

em que o índice zero indica a velocidade e a massa no instante inicial.

A Equação 6.41 também pode levar a outro resultado interessante, ao dividirmos os membros da equação por dt. Assim, a Equação 6.41 se transforma em:

$-v_{rel}\dfrac{dM}{dt} = M\dfrac{dv}{dt}$ \hfill (Equação 6.43)

em que $\dfrac{dM}{dt}$ é a taxa na qual o foguete perde massa e $\dfrac{dv}{dt}$ é a aceleração do foguete. Se definirmos a taxa de consumo de combustível do foguete por R, a taxa de perda de massa em relação à taxa de consumo será dada por:

$\dfrac{dM}{dt} = -R$ \hfill (Equação 6.44)

E a Equação 6.41 será escrita da seguinte forma:

$Rv_{rel} = Ma$ \hfill (Equação 6.45)

em que a é a aceleração do foguete em relação ao referencial inercial. O primeiro membro da Equação 6.44 tem a dimensão kg/s · m/s, que é a dimensão de força, ou seja, o newton (N), e depende do consumo de combustível e da velocidade relativa com a qual os gases são expelidos. Ao produto

$T = R\,v_{rel}$ \hfill (Equação 6.46)

atribui-se o empuxo do motor do foguete representado por T. A Equação 6.44 pode ser reescrita da seguinte forma:

$T = Ma$ \hfill (Equação 6.47)

que corresponde à Segunda Lei de Newton, em que a é a aceleração e M é a massa do foguete em dado instante t.

### Exemplo 6.9

Um foguete de massa inicial igual a 9 000 kg conta com um motor que consome combustível a uma taxa de 3 kg/s e expele os gases de combustão a uma velocidade de 3 650 m/s em relação ao foguete. Determine o empuxo produzido pelo motor e sua aceleração inicial.

### Solução:

Para resolver o problema, devemos considerar o foguete um sistema isolado e calcular o empuxo sem levar em consideração a gravidade da Terra. Desse modo, o empuxo é dado pela Equação 6.46 $T = Rv_{rel}$ (6.44), em que T é o empuxo, R é a taxa de consumo de combustível e $v_{rel}$ é a velocidade relativa dos gases de combustão em

# Quantidade de movimento, impulso e conservação

relação ao motor. Substituindo os valores, encontramos: T = 3 · 3650 = 10950N.

A aceleração inicial do foguete é dada pela Equação 6.47 T = Ma. Assim, 10950 = 900a → a ≅ 12,2 m/s².

## Síntese

Neste capítulo, o termo $m\vec{v}$ é definido como momento linear ou quantidade de movimento do corpo e é representado por $\vec{p}$, ou seja, $\vec{p} = m\vec{v}$ (Equação 6.3), enquanto o produto da força resultante $\Sigma\vec{F}$ pelo intervalo de tempo é definido como o impulso da força resultante $\vec{J}$ sobre o corpo e dado por: $\vec{J} = \Sigma\vec{F} \Delta t$ (Equação 6.5). O impulso e a quantidade de movimento são grandezas vetoriais e têm mesma direção e sentido do vetor força resultante $\Sigma\vec{F}$.

Para forças constantes, a resultante $\Sigma\vec{F}$ e a taxa de variação em relação ao tempo do momento linear $\frac{d\vec{p}}{dt}$ são constantes. Nesse caso, $\frac{d\vec{p}}{dt}$ poderá ser escrito da seguinte forma: $\frac{d\vec{p}}{dt} = \frac{\Delta\vec{p}}{\Delta t} = \frac{p_2 - p_1}{t_2 - t_1}$ (6.6) e a Segunda Lei de Newton será dada por: $\Sigma\vec{F} = \frac{\vec{p}_2 - \vec{p}_1}{t_2 - t_1}$, que, ao ser multiplicada por $(t_2 - t_1)$, resulta em $\Sigma\vec{F} \cdot (t_2 - t_1) = \vec{p}_2 - \vec{p}_1$ (6.7). Essa expressão corresponde ao **teorema impulso momento linear** e é representada por: $\vec{J} = \vec{p}_2 - \vec{p}_1 = \Delta\vec{p}$ (Equação 6.8). O teorema afirma que: **A variação do momento linear num intervalo de tempo $\Delta t$ é igual ao impulso da força resultante que atua sobre o corpo durante esse intervalo de tempo.** Esse teorema também é válido quando as forças não são constantes, ou seja, variam em relação ao tempo, porém, o cálculo do impulso será dado por: $J = \int \Sigma\vec{F} \, dt$ (Equação 6.9).

Quando as forças variam em relação ao tempo, o impulso também pode ser obtido por meio do gráfico $\Sigma F$ *versus* tempo e corresponde à área sob essa curva, conforme o Gráfico 6.1 explicitou.

Com base na Equação 6.12, podemos escrever: $\vec{F}_{AB} + \vec{F}_{BA} = \vec{0}$. Substituindo as equações 6.10 e 6.11 nessa expressão, teremos: $\frac{d\vec{p}_A}{dt} + \frac{d\vec{p}_B}{dt} = \vec{0}$ (Equação 6.14). Se definirmos o momento total $\vec{P} = \vec{p}_A + \vec{p}_B$ (Equação 6.13), podemos escrever que $\frac{d\vec{P}}{dt} = \vec{0}$ – correspondente à lei de conservação do momento linear, cujo enunciado é: **Quando a soma vetorial das forças externas que atuam sobre um sistema é igual a zero, o momento linear total do sistema é constante.** Usando a Equação 6.15, podemos ainda escrever: $\vec{P}$ = constante (6.17) para um sistema isolado ou $\vec{P}_i = \vec{P}_f$ (6.18), sendo $\vec{P}_i$ o momento total do sistema no instante $t_i$ e $\vec{P}_f$ o momento total no instante $t_f$.

Em todas as colisões, no entanto, se não há forças externas atuando, o momento linear ou a quantidade de movimento é conservado e o sistema é isolado, ou seja, nenhuma partícula entra no sistema ou sai dele – o sistema é fechado. Nesse caso, o momento linear total antes e depois da colisão é igual, mas a energia cinética nem sempre se conserva. No entanto, se as forças externas são diferentes de zero, não há conservação do momento linear, pois a resultante das forças produz variações nele.

Numa colisão perfeitamente inelástica, os corpos permanecem juntos após a colisão e a energia cinética não é conservada, conforme mostra a Figura 6.6. Nesse caso, e em particular, o corpo B encontra-se em repouso quando o corpo A choca-se com ele. Aplicando a conservação do momento linear, temos: $P_i = P_f$ ou $p_{Ai} = p_f$. Substituindo as massas e velocidades, temos: $m_A \vec{v}_{Ai} = (m_A + m_B)\vec{v}$ (Equação 6.20).

Nas colisões elásticas, aplicando a conservação do momento linear, teremos: $m_A v_{Ai} = m_A v_{Af} + m_B v_{Bf}$ (Equação 6.21); para a energia cinética: $\frac{1}{2} m_A v^2_{Ai} = \frac{1}{2} m_A v^2_{Af} + m_B v^2_{Bf}$ (Equação 6.22), em que os índices i e f correspondem aos instantes antes e depois do choque. Com base na Equação 6.21, reescrevemos $m_B v_{Bf} = m_A(v_{Ai} - v_{Af})$ (Equação 6.23); e a Equação 6.22, ao ser multiplicada por 2, pode ser reescrita da seguinte forma: $m_B v^2_{Bf} = m_A(v^2_{Ai} - v^2_{Af}) = m_A(v_{Ai} - v_{Af})(v_{Ai} + v_{Af})$ (Equação 6.24). Dividindo a Equação 6.24 pela Equação 6.23, encontramos a seguinte expressão: $v_{Bf} = v_{Ai} + v_{Af}$ (Equação 6.25). Substituindo essa Equação na 6.24: $m_B(v_{Ai} + v_{Af})2 = m_A(v_{Ai} - v_{Af})(v_{Ai} + v_{Af}) \rightarrow m_B(v_{Ai} + v_{Af}) = m_A(v_{Ai} - v_{aF})$ (Equação 6.26). Reagrupando e explicitando: $v_{Af} = \frac{m_A - m_B}{m_A + m_B} v_{Ai}$ (Equação 6.27). Levando esse resultando na Equação 6.25, temos: $v_{Bf} = v_{Ai} + \frac{m_A - m_B}{m_A + m_B} v_{Ai}$ (Equação 6.28). Reagrupando, chegamos ao seguinte resultado; $v_{Bf} = \frac{2m_A}{m_A + m_B} v_{Ai}$ (Equação 6.29).

Nos sistemas estudados até o momento, as aplicações da conservação do momento consideram a massa uma grandeza constante do sistema e, ao aplicarmos a Segunda Lei de Newton $\Sigma F = \frac{d}{dt}(mv)$ (Equação 6.37), a derivada da massa em relação ao tempo é zero. No entanto, há situações em que a massa dos corpos que constituem o sistema varia, como no caso dos foguetes lançados para o espaço. Nessa situação, a massa é reduzida em determinados estágios quando o foguete vai reduzindo seu tamanho e massa, constantemente ejetada pela queima do combustível.

O foguete com massa M e velocidade v num tempo t e os gases da exaustão ejetados pela queima de combustível no intervalo de tempo constituem o sistema, que é **fechado** e **isolado**. O momento linear inicial total $P_1$ e final $P_f$ do sistema é conservado nos instantes t e t + dt, ou seja, $P_i = P_f$ (Equação 6.38), em que o índice i corresponde ao instante t, e o índice f, ao instante t + dt.

A Equação 6.38 pode ser escrita considerando os respectivos momentos lineares associados aos instantes inicial e final, ou seja, momento linear do sistema no instante t e t + dt. Assim, $Mv = -dM\,U + (M + dM)(v + dv)$ (Equação 6.39), em que os termos do segundo membro correspondem, respectivamente, ao momento linear dos gases de exaustão ejetados no intervalo de tempo dt e ao momento linear do foguete no instante d + dt.

# Quantidade de movimento, impulso e conservação

Na Equação 6.39, a velocidade U pode ser associada à velocidade relativa $v_{rel}$ entre o foguete e os gases ejetados e a velocidade do foguete em relação ao referencial inercial. Ou seja, $(v + dv) = U + v_{rel}$ (Equação 6.40). Explicitando U e substituindo na Equação 6.40, temos como resultado: $Mv = -dM(v + dv - v_{rel}) + (M + dM)(v + dv)$. Fazendo a distributiva nos termos dessa equação, temos: $Mv = -dM\,v - dM\,dv + v_{rel}\,dM + Mv + M\,dv + v\,dM + dM\,dv$, que simplificando, resulta em: $v_{rel}\,dM + M\,dv = 0$ (Equação 6.41).

A separação das variáveis da Equação (6.41) resulta na seguinte equação: $dv = -v_{rel}\dfrac{dM}{M}$. Integrando para os limites inicial e final da velocidade e da massa, teremos: $\int_{v_0}^{v} dv = -v_{rel}\int_{M_0}^{M}\dfrac{dM}{M}$ $\rightarrow v - v_0 = v_{rel}\ln\dfrac{M_0}{M}$ (Equação 6.42), em que o índice zero indica a velocidade e a massa no instante inicial.

A Equação 6.41 também pode levar a outro resultado interessante, ao dividirmos os membros da equação por dt. Assim, essa equação resulta em $-v_{rel}\dfrac{dM}{M} = M\dfrac{dv}{dt}$ (Equação 6.43), em que $\dfrac{dM}{M}$ é a taxa na qual o foguete perde massa e $\dfrac{dv}{dt}$ é a aceleração do foguete. Se definirmos a taxa de consumo de combustível do foguete por R, a taxa de perda de massa em relação à taxa de consumo será dada por $\dfrac{dM}{M} = -R$ (Equação 6.44) e a Equação 6.43 será escrita da seguinte forma: $Rv_{rel} = Ma$ (Equação 6.45), em que a é a aceleração do foguete em relação ao referencial inercial. O primeiro membro da Equação 6.45 tem a dimensão kg/s · m/s, que é a dimensão de força, ou seja, o newton (N), e depende do consumo de combustível e da velocidade relativa com a qual os gases são expelidos. Ao produto $T = Rv_{rel}$ (Equação 6.46), atribui-se o empuxo do motor do foguete representado por T, e a Equação 6.45 pode ser reescrita da seguinte forma: $T = Ma$ (Equação 6.47), que corresponde à Segunda Lei de Newton, em que a é a aceleração e M é a massa do foguete num dado instante t.

## Conecte-se

Sugerimos, a seguir, alguns recursos que possibilitam o estudo e o aprofundamento dos conteúdos desenvolvidos neste capítulo. Entre eles, destaca-se uma atividade experimental sobre colisões em uma dimensão com a obtenção de parâmetros do choque. Também sugerimos leituras que permitem uma compreensão sobre os conceitos físicos trabalhados com base em gênese e evolução, como ocorre com o conceito de quantidade de movimento, e, finalmente, os simuladores, que proporcionam uma análise rica com detalhes sobre as colisões entre corpos e do momento e da energia envolvida

## Experimentos

CORRADI, W. et al. **Laboratório básico I**. Universidade Federal do Pará. Disponível em: <http://www.aedmoodle.ufpa.br/pluginfile.php?file=%2F144937%2Fmod_resource%2Fcontent%2F1%2FFasc%C3%ADculo%20Lab.%20B%C3%A1sico%20I.pdf>. Acesso em: 11 nov. 2016.

A prática consiste na determinação do coeficiente de restituição de um material de borracha – uma bola – ao colidir com o chão. Para isso, é utilizada uma regressão linear dos dados obtidos experimentalmente.

Material utilizado: fita métrica fixada na parede e bola de borracha com alto coeficiente de restituição.

### Leituras

BAPTISTA, J. P. Os princípios fundamentais ao longo da História da Física. **Revista Brasileira de Ensino de Física**, v. 28, n. 4, p. 541-553, 2006. Disponível em: <http://www.sbfisica.org.br/rbef/pdf/060213.pdf>. Acesso em: 11 nov. 2016.

BAPTISTA, J. P.; E FERRACIOLI, L. A evolução do pensamento sobre o conceito de movimento. **Revista Brasileira de Ensino de Física**, v. 21, n. 1, mar. 1999. Disponível em: <http://www.sbfisica.org.br/rbef/pdf/v21_187.pdf>. Acesso em: 8 nov. 2016.

### Simuladores

BALLISTIC PENDULUM. Halliday. Disponível em: <http://higheredbcs.wiley.com/legacy/college/halliday/0471758019/simulations/sim13/sim13.html>. Acesso em: 11 nov. 2016.

Simula o lançamento de um projétil que se choca com o pêndulo balístico e, a partir desse choque e das informações sobre o pêndulo, é possível obter a velocidade do projétil.

COLLISIONS IN ONE DIMENSIOM. Halliday. Disponível em: <http://higheredbcs.wiley.com/legacy/colege/halliday/0471758019/simulations/sim12/sim12.html>. Acesso em: 11 nov. 2016.

Com esse simulador, podemos verificar a conservação do momento linear e da energia cinética quando o choque é elástico.

CONSERVATION OF LINEAR MOMENTUM. Halliday. Disponível em: <http://higheredbcs.wiley.com/legacy/college/halliday/0471758019/simulations/sim11/sim11.html>. Acesso em: 11 nov. 2016.

Possibilita a análise gráfica da posição e da velocidade dos corpos ao considerar as interações físicas.

## Atividades de autoavaliação

1. Uma bola de massa 500 g movimenta-se com uma velocidade de 15 m/s na direção de um jogador de futebol, que lhe aplica um chute, produzindo uma força no sentido contrário ao do movimento da bola. A duração do chute é de 30 m/s e o impulso produzido pelo chute é de 35 N · s.

   A velocidade da bola imediatamente após o chute e a intensidade média da força aplicada à bola, respetivamente, valem:

   a) 97 m/s; 1317,1 N.
   b) 95 m/s; 1245,2 N.
   c) 92 m/s; 1201,8 N.
   d) 88 m/s; 1123,4 N.
   e) 85 m/s; 1166,7 N.

2. Uma força F variável atua na direção do eixo x sobre um corpo de massa 6 kg inicialmente em repouso no instante t = 0. O gráfico a seguir mostra o comportamento da força F aplicada em relação ao tempo entre os instantes 0 e 14 s. Com base no gráfico da força *versus* tempo, determine a velocidade do corpo no instante t = 14 s.

# Quantidade de movimento, impulso e conservação

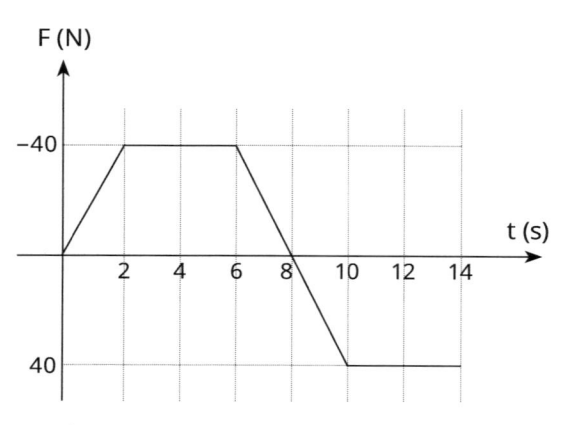

[Gráfico F(N) × t(s): F = −40 de t=2 a t=6, desce cruzando zero em t=8, chega a +40 em t=10, permanece 40 até t=14]

a) 6,7 m/s.
b) 5,1 m/s.
c) 4,2 m/s.
d) 3,8 m/s.
e) 3,7 m/s.

3. Uma bola de tênis de 56 g de massa atinge uma parede rígida com uma velocidade de 35 m/s, praticamente paralela ao eixo x. A bola ricocheteia na direção horizontal com uma velocidade de 30 m/s após chocar-se com essa parede. Estudos realizados com esse tipo de choque propõem um modelo para a força que a parede exerce sobre a bola, mostrado no gráfico a seguir.

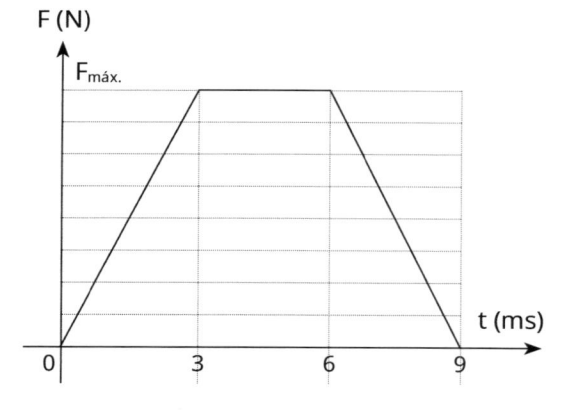

[Gráfico F(N) × t(ms): trapézio com F_máx de t=3 a t=6, subindo de 0 a 3 e descendo de 6 a 9]

Com base nesse modelo, o módulo da força máxima que a parede exerce sobre a bola de tênis é igual a:

a) 510,8 N.
b) 525,7 N.
c) 563,3 N.
d) 587,8 N.
e) 606,7 N.

4. Um motor é programado para impulsionar um objeto, de 6 kg de massa, com uma força que atua na direção horizontal dada pela seguinte expressão: $F(t) = 90 - 10t^2$, em que F é a força (N) e t corresponde ao tempo (s). O objeto encontra-se inicialmente em repouso e a força deve atuar sobre ele até que sua intensidade seja igual a zero. Desprezando as perdas por atrito, o módulo da velocidade do objeto quando a força aplicada a ele é nula é de:

a) 39 m/s.
b) 37 m/s.
c) 35 m/s.
d) 33 m/s.
e) 30 m/s.

5. Dois blocos A e B de massas 8 kg e 6 kg, respectivamente, encontram-se em repouso sobre uma seperfície horizontal sem atrito, conforme mostra a figura a seguir. O bloco A está seguro por um fio preso à parede e comprime 50 cm de uma mola de constante elástica de 1 000 N/m contra a parede. Em dado momento, o fio é cortado e a mola

distende-se completamente ao empurrar o bloco A, que, ao se chocar com o bloco B, fica engatado; depois, eles passam a se mover juntos.

Desprezando as perdas de energia no processo de encaixe dos blocos, a velocidade, em m/s, do conjunto após o choque é igual a:

a) 2,2.
b) 2,7.
c) 2,9.
d) 3,2.
e) 3,8.

6. Um projétil de massa 20 g atinge um bloco de madeira com uma velocidade de 300 m/s, conforme mostra a figura a seguir. A massa do bloco é de 4 kg e o projétil fica engastado no bloco.

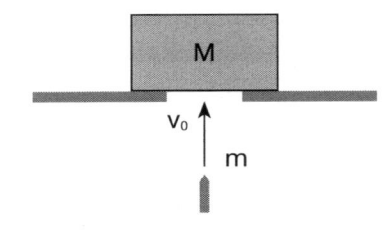

A altura, em m, atingida pelo bloco ao receber o impacto do choque é igual a:

a) 10,2.
b) 11,4.
c) 12,3.
d) 13,1.
e) 14,5.

7. Dois corpos A e B, que se encaixam perfeitamente, movem-se sobre uma mesma linha vertical em sentidos contrários com velocidades respectivamente iguais a 30 m/s e 10 m/s. As massas dos corpos são $m_A$ = 3 kg e $m_B$ = 2 kg. A colisão ocorre de modo que os dois passam a se mover juntos. (Adote g = 9,8 m/s² e despreze a resistência do ar).

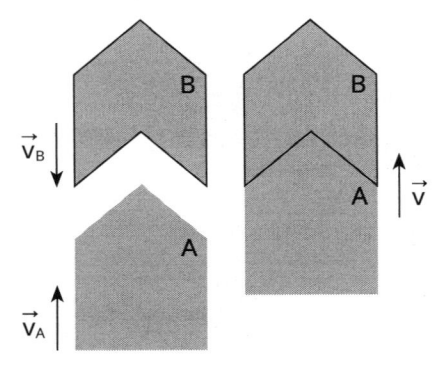

A máxima altura, em m, que o conjunto alcança, a partir da posição da colisão, vale:

a) 7.
b) 8.
c) 9.
d) 10.
e) 11.

8. Uma esfera rígida de massa $m_A$ = 5 kg está presa ao teto por um fio de 1,3 m de comprimento (inextensível e de massa desprezível), quando é solta da posição em que o fio se encontra na horizontal. Ao atingir a parte mais baixa da trajetória, a esfera A se choca com a esfera B, de massa $m_B$ = 7 kg, de forma elástica.

# Quantidade de movimento, impulso e conservação

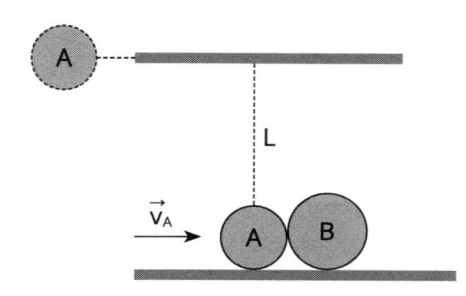

As velocidades das esferas A e B, imediatamente após o choque, valem, respectivamente,

a) −0,73 m/s; 3,18 m/s
b) −0,84 m/s; 4,21 m/s
c) −0,95 m/s; 4,31 m/s
d) −0,97 m/s; 4,44 m/s
e) −0,99 m/s; 4,56 m/s

9. Um foguete encontra-se inicialmente em repouso em relação a um referencial inercial e na ausência de gravidade, quando seu motor é acionado por certo intervalo de tempo. O consumo de combustível, em função da massa inicial, para que a velocidade do foguete em relação ao referencial inercial seja igual à velocidade relativa dos gases de exaustão, equivale a que porcentagem da massa inicial?

a) 43,3%.
b) 41,6%.
c) 39,7%.
d) 37,5%.
e) 36,7%.

10. Certo foguete tem massa de $2,1 \cdot 10^5$ kg e encontra-se, inicialmente, em repouso no espaço sideral. O motor do foguete é acionado durante 177 s e o consumo de combustível ocorre a uma taxa de 341 kg/s. Durante a queima, os gases de combustão são ejetados com uma velocidade de 2,3 km/s.

O empuxo produzido pelo motor, a massa do foguete após o funcionamento do motor e a velocidade do foguete ao final do intervalo de tempo, respectivamente, são iguais a:

a) 844,5 kN; 159 743 kg; 3 245,74 km/h.
b) 830,3 kN; 151 324 kg; 3 125,22 km/h.
c) 810,1 kN; 150 325 kg; 3 010,21 km/h.
d) 784,3 kN; 149 643 kg; 2 805,84 km/h.
e) 752,8 kN; 147 425 kg; 2 712,36 km/h.

## Atividades de aprendizagem

### Questões para reflexão

1. Nos choques entre automóveis grandes (ônibus) e pequenos (carro passeio), os passageiros destes, geralmente, se machucam mais do que os daqueles. Qual é a explicação física para essa constatação?

2. Considere uma pessoa com um conjunto de bolas de bilhar sobre uma superfície lisa sem atrito. Como essa pessoa poderia se locomover sobre as bolas? Justifique sua resposta.

## Atividade aplicada: prática

1. Essa atividade consiste na verificação da quantidade de momento linear por meio de uma experiência envolvendo dois blocos de massas diferentes, uma mola de caderno e uma superfície lisa (com pouco atrito). Com os blocos presos à mola e sobre a superfície lisa, aproxime-os comprimindo a mola e, em seguida, solte-os simultaneamente. Repita a experiência várias vezes observando o comportamento dos blocos e respondas as questões a seguir:

   a) Comparando relativamente as velocidades dos blocos, qual deles se desloca mais rápido?

   b) Com base no princípio da conservação da quantidade de movimento, explique a conclusão da questão anterior de forma analítica.

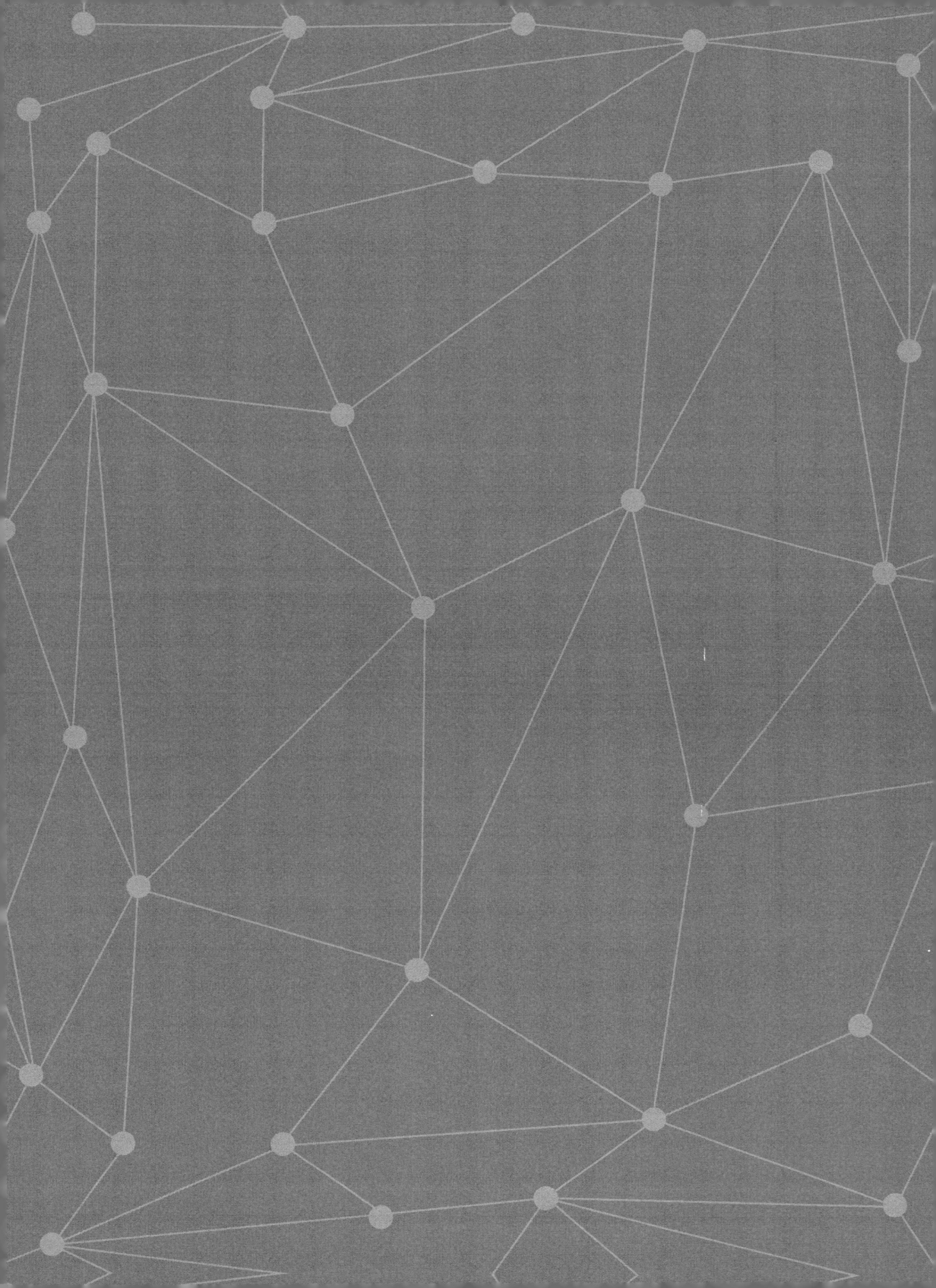

# Considerações finais

Nesta obra, abordamos campos da física clássica e estudos sobre os movimentos dos corpos com explicações que possibilitaram a compreensão dos conceitos físicos e as respectivas aplicações. É oportuno ressaltarmos o modo como esse ensino foi realizado, ou seja, as várias possibilidades metodológicas desenvolvidas para que a aprendizagem dos conteúdos fosse alcançada de forma satisfatória.

Aqui, buscamos uma abordagem teórica – físico-matemática –, mas também outras formas que envolvessem mais adequadamente o conceito físico em questão, como as atividades práticas sugeridas, as leituras indicadas e, sobretudo, a seleção de simuladores para os temas estudados.

É certo que há outros temas da física ou da física-matemática a serem conquistados, principalmente no que diz respeito às possibilidades de reflexão (e pesquisa) que as duas disciplinas podem proporcionar ao estudioso dessas áreas. Não é comum pensar o ensino de física e de matemática tomando como base a natureza dessas disciplinas, entendendo que uma pode contribuir para o ensino da outra. O campo de investigação de questões resultantes das confluências dessas disciplinas é amplo e diverso – o que nos convida a refletir e pensar neles como "outros horizontes".

# Referências

A HISTÓRIA da energia. Disponível em: <https://www.youtube.com/watch?v=D8BOEXtiyzI>. Acesso em: 8 maio 2016.

A PARTICLE MOVING ALONG AN X AXIS. Halliday. Disponível em: <http://higheredbcs.wiley.com/legacy/college/halliday/0471758019/simulations/fig08_10/fig08_10.html>. Acesso em: 11 nov. 2016.

AVOID THE CRASH. General Physics Java Applets. Disponível em: <http://surendranath.tripod.com/Applets/Kinematics/AvoidCrash/AC.html>. Acesso em: 7 nov. 2016.

BALLISTIC PENDULUM. Halliday. Disponível em: <http://higheredbcs.wiley.com/legacy/college/halliday/0471758019/simulations/sim13/sim13.html>. Acesso em: 11 nov. 2016.

BAPTISTA, J. P. Os princípios fundamentais ao longo da História da Física. **Revista Brasileira de Ensino de Física**, v. 28, n. 4, p. 541-553, 2006. Disponível em: <http://www.sbfisica.org.br/rbef/pdf/060213.pdf>. Acesso em: 11 nov. 2016.

BAPTISTA, J. P.; E FERRACIOLI, L. A construção do princípio de inércia e do conceito de inércia material. **Revista Brasileira de Ensino de Física**, v. 22, n. 2, p. 272-280, jun. 2000. Disponível em: <http://www.sbfisica.org.br/rbef/pdf/v22_272.pdf>. Acesso em: 8 maio 2016.

BAPTISTA, J. P.; E FERRACIOLI, L. A evolução do pensamento sobre o conceito de movimento. **Revista Brasileira de Ensino de Física**, v. 21, n. 1, mar. 1999. Disponível em: <http://www.sbfisica.org.br/rbef/pdf/v21_187.pdf>. Acesso em: 8 nov. 2016.

BLOCK AND SPRING SYSTEM. Halliday. Disponível em: <http://higheredbcs.wiley.com/legacy/college/halliday/0471758019/simulations/fig08_03/fig08_03.html>. Acesso em: 10 nov. 2016.

CAMBRIDGE DIGITAL LIBRARY. **Newton Papers**. Disponível em: <http://cudl.lib.cam.ac.uk/collections/newton>. Acesso em: 8 nov. 2016.

CATCH UP = ULTRAPASSAGEM. General Physics Java Applets. Disponível em: <http://surendranath.tripod.com/Applets/Kinematics/CatchUp/CU.html>. Acesso em: 7 nov. 2016.

CATELLI, F., SILVA, F. S. da. Quem chega com velocidade maior? **Caderno Brasileiro de Ensino de Física**, v. 25, n. 3, p. 546-560, dez. 2008. Disponível em: <https://periodicos.ufsc.br/index.php/fisica/article/view/9087/8451>. Acesso em: 7 nov. 2016.

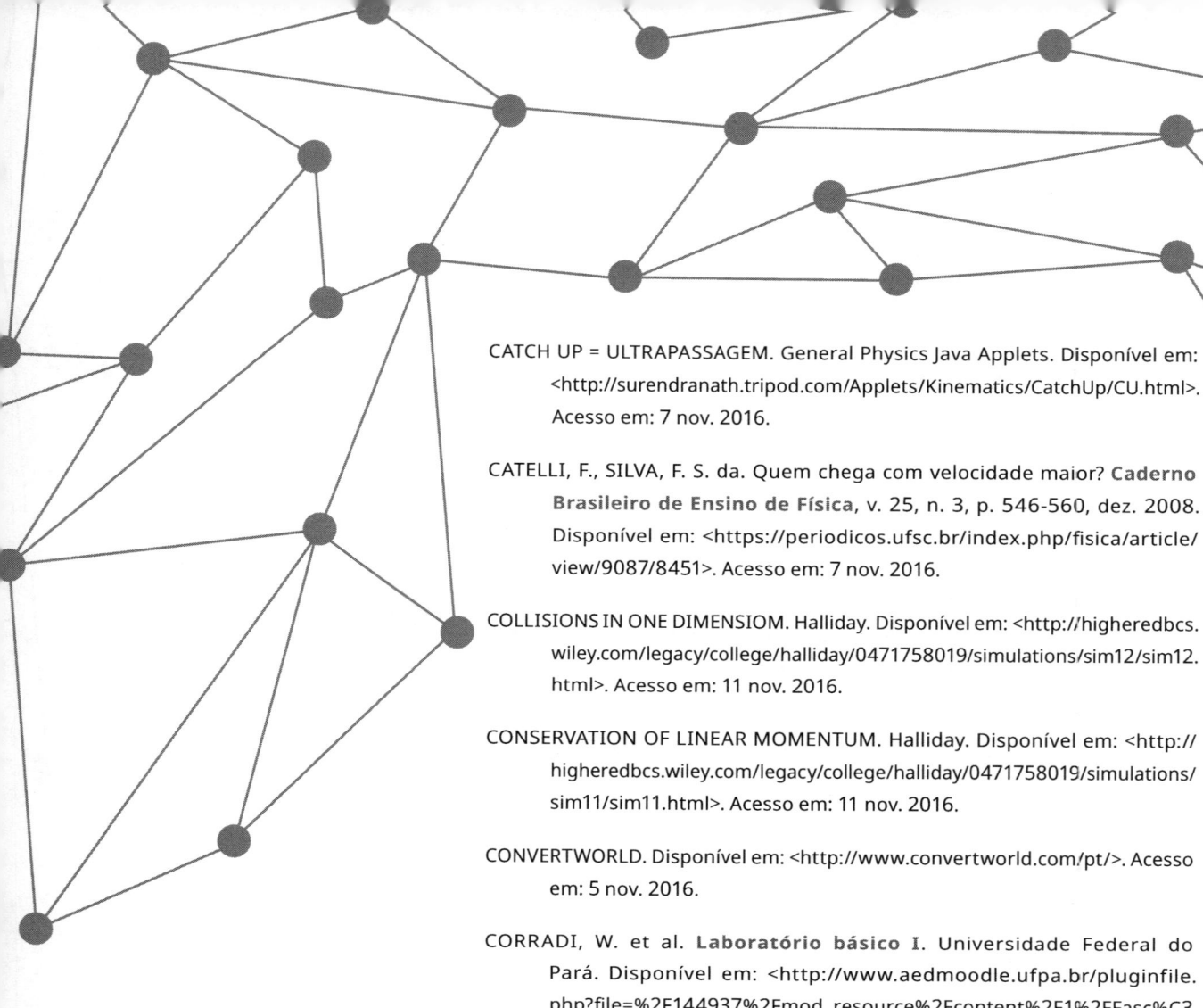

COLLISIONS IN ONE DIMENSIOM. Halliday. Disponível em: <http://higheredbcs.wiley.com/legacy/college/halliday/0471758019/simulations/sim12/sim12.html>. Acesso em: 11 nov. 2016.

CONSERVATION OF LINEAR MOMENTUM. Halliday. Disponível em: <http://higheredbcs.wiley.com/legacy/college/halliday/0471758019/simulations/sim11/sim11.html>. Acesso em: 11 nov. 2016.

CONVERTWORLD. Disponível em: <http://www.convertworld.com/pt/>. Acesso em: 5 nov. 2016.

CORRADI, W. et al. **Laboratório básico I**. Universidade Federal do Pará. Disponível em: <http://www.aedmoodle.ufpa.br/pluginfile.php?file=%2F144937%2Fmod_resource%2Fcontent%2F1%2FFasc%C3%ADculo%20Lab.%20B%C3%A1sico%20I.pdf>. Acesso em: 11 nov. 2016.

DIAS, P. M. C. F=ma?!! O nascimento da lei dinâmica. **Revista Brasileira de Ensino de Física**, v. 28, n. 2, p. 205-234, 2006. Disponível em: <http://www.sbfisica.org.br/rbef/pdf/050706.pdf>. Acesso em: 8 nov. 2016.

ENERGIA Mecânica. **Sala de física**. Disponível em: <http://www.geocities.ws/saladefisica8/energia/emecanica.html>. Acesso em: 6 dez. 2016.

FENDT, W. **Experimento sobre a Segunda Lei de Newton**. 23 dez. 1997. Disponível em: <http://www.walter-fendt.de/ph14br/n2law_br.htm>. Acesso em: 8 nov. 2016.

FENDT, W. **Movimento dos projéteis**. 13 set. 2000a. Disponível em: <http://www.walter-fendt.de/ph14br/projectile_br.htm>. Acesso em: 7 nov. 2016.

FENDT, W. **Plano inclinado**. 11 mar. 2000b. Disponível em: <http://www.walter-fendt.de/ph14br/inclplane_br.htm>. Acesso em: 8 nov. 2016.

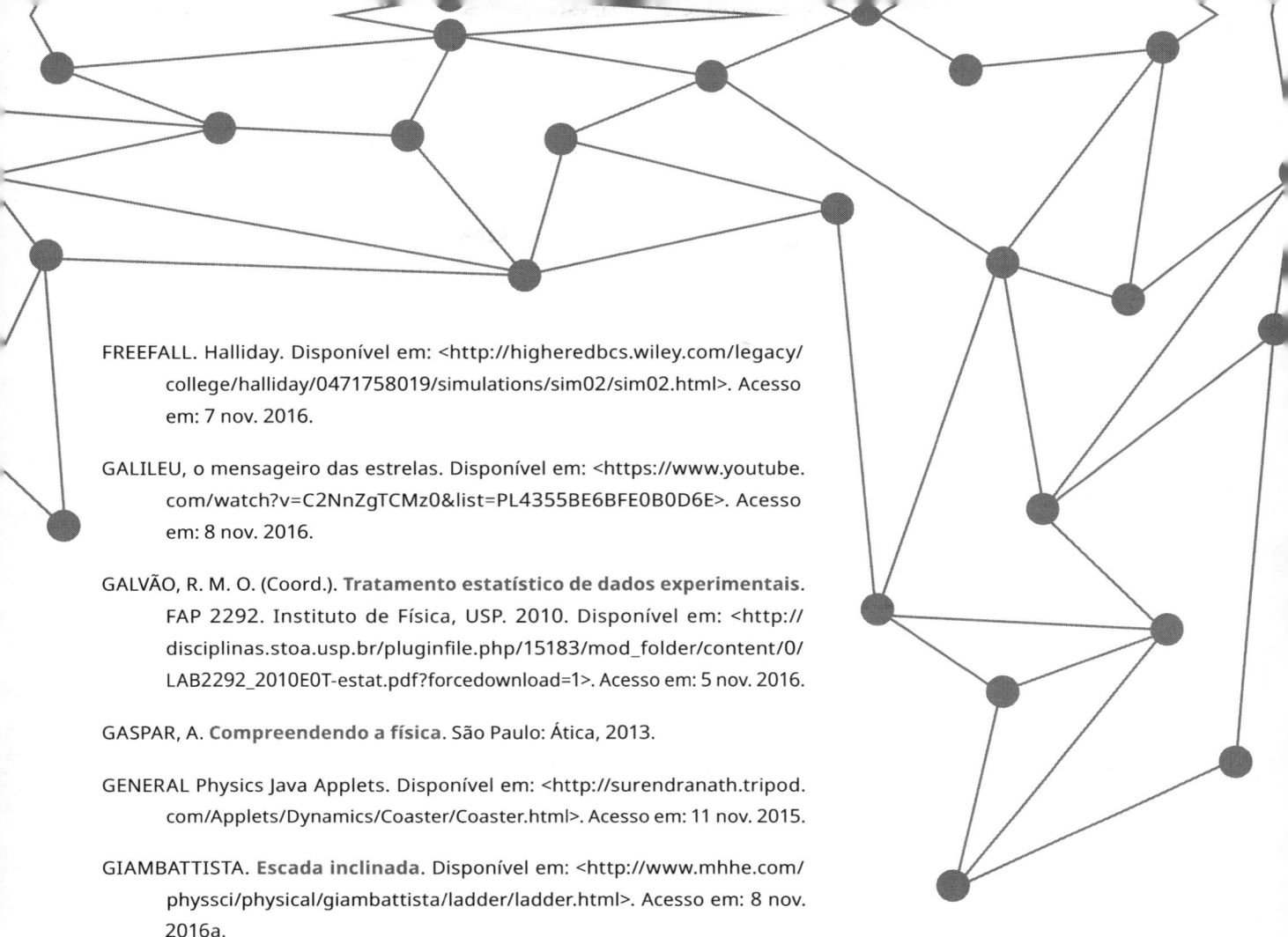

FREEFALL. Halliday. Disponível em: <http://higheredbcs.wiley.com/legacy/college/halliday/0471758019/simulations/sim02/sim02.html>. Acesso em: 7 nov. 2016.

GALILEU, o mensageiro das estrelas. Disponível em: <https://www.youtube.com/watch?v=C2NnZgTCMz0&list=PL4355BE6BFE0B0D6E>. Acesso em: 8 nov. 2016.

GALVÃO, R. M. O. (Coord.). **Tratamento estatístico de dados experimentais**. FAP 2292. Instituto de Física, USP. 2010. Disponível em: <http://disciplinas.stoa.usp.br/pluginfile.php/15183/mod_folder/content/0/LAB2292_2010E0T-estat.pdf?forcedownload=1>. Acesso em: 5 nov. 2016.

GASPAR, A. **Compreendendo a física**. São Paulo: Ática, 2013.

GENERAL Physics Java Applets. Disponível em: <http://surendranath.tripod.com/Applets/Dynamics/Coaster/Coaster.html>. Acesso em: 11 nov. 2015.

GIAMBATTISTA. **Escada inclinada**. Disponível em: <http://www.mhhe.com/physsci/physical/giambattista/ladder/ladder.html>. Acesso em: 8 nov. 2016a.

GIAMBATTISTA. **Lançamento de uma motocicleta através de uma rampa**. Disponível em: <http://www.mhhe.com/physsci/physical/giambattista/proj/projectile.html>. Acesso em: 7 nov. 2016b.

GIAMBATTISTA. **Plano inclinado**. Disponível em: <http://www.mhhe.com/physsci/physical/giambattista/iplane/iplane.html>. Acesso em: 8 nov. 2016c.

HARRISON, D. M. **Dropping Two Balls near the Earth's Surface = Abandonando duas bolas perto da superfície da terra** (com uma delas podendo ter uma velocidade horizontal diferente de zero). Disponível em: <http://www.learnerstv.com/animation/animation.php?ani=29&cat=physics>. Acesso em: 7 nov. 2016.

HALLIDAY, D.; RESNICK, R.; WALKER, J. **Fundamentos de física**. Tradução de Ronaldo Sérgio de Biasi. 9. ed. Rio de Janeiro: LTC, 2012. v. 1 (Mecânica).

HISTORIA de las medidas: en su justa medida. Disponível em: <https://www.youtube.com/watch?v=srAzK4jqZPE>. Acesso em: 5 nov. 2016.

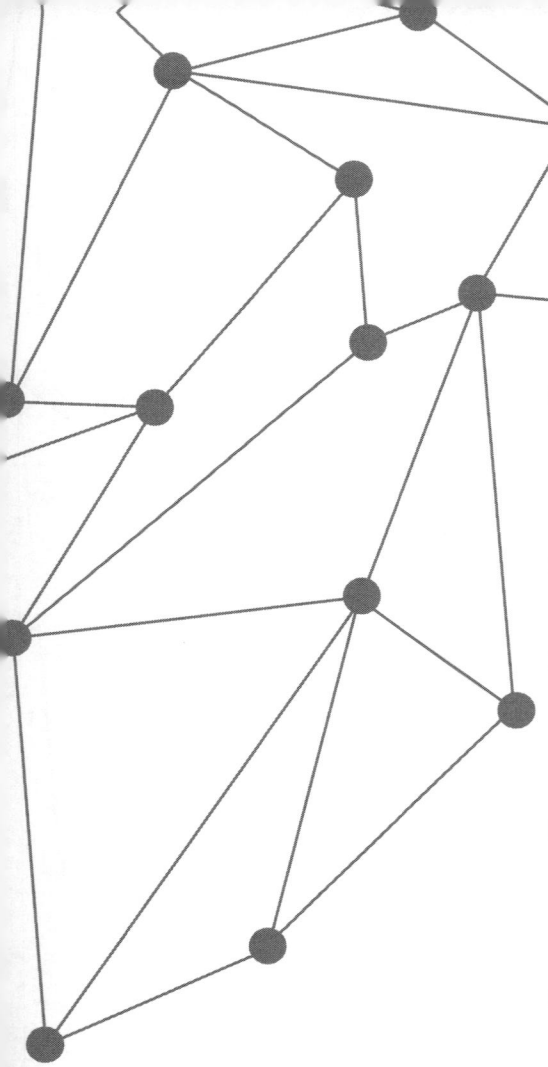

HWANG, F.-K. **Movimento unidimensional**: deslocamento, velocidade e aceleração. NTNU – National Taiwan Normal Universityt. Virtual Physics Laboratory. Disponível em: <http://www.phy.ntnu.edu.tw/oldjava/xva/xva-port.html>. Acesso em: 7 nov. 2016.

INMETRO – Instituto Nacional de Metrologia, Qualidade e Tecnologia. Disponível em: <http://www.inmetro.gov.br/>. Acesso em: 5 nov. 2016.

INMETRO – Instituto Nacional de Metrologia, Qualidade e Tecnologia. **Sistema Internacional de Unidades**. 8. ed. rev. Rio de Janeiro: Inmetro, 2007. Disponível em: <http://www.inmetro.gov.br/inovacao/publicacoes/Si.pdf>. Acesso em: 5 nov. 2016.

INMETRO – Instituto Nacional de Metrologia, Qualidade e Tecnologia. **Sistema Internacional de Unidades**. Rio de Janeiro, 2012. Disponível em: <http://www.inmetro.gov.br/noticias/conteudo/sistema-internacional-unidades.pdf>. Acesso em: 5 nov. 2016.

INOVAÇÃO TECNOLÓGICA. **Carro elétrico bate recorde mundial de aceleração**. 4 nov. 2014. Disponível em: <http://www.inovacaotecnologica.com.br/noticias/noticia.php?artigo=carro-eletrico-recorde-mundial-aceleracao&id=010170141104#.VWiLW89VhIg>. Acesso em: 7 nov. 2016.

INSTRUMENTOS de medidas e medidas físicas. Experimento 1. Disponível em: <http://www2.fis.ufba.br/dftma/Roteiros/EXP%201_e_2_Medidas_%20Fisicas.pdf>. Acesso em: 5 nov. 2016.

ISAAC NEWTON: a gravidade do gênio. Disponível em: <https://www.youtube.com/watch?v=BvAu6qY9ETQ>. Acesso em: 8 nov. 2016.

KINETIC FRICTION. Halliday. Disponível em: <http://higheredbcs.wiley.com/legacy/college/halliday/0471758019/simulations/sim19/sim19.html>. Acesso em: 8 nov. 2016.

LUNAZZI, J. J.; PAULA, L. A. N. de. Corpos no interior de um recipiente fechado e transparente em queda livre. **Caderno Brasileiro de Ensino de Física**, v. 24, n. 3, p. 319-325, dez. 2007. Disponível em: <https://periodicos.ufsc.br/index.php/fisica/article/view/6237/5788>. Acesso em: 7 nov. 2016.

MARQUES, G. da C.; UETA, N. Origem da força de atrito. Mecânica (básico). **e-física**: ensino de física on-line. 2007. Disponível em: <http://efisica.if.usp.br/mecanica/basico/atrito/origem/>. Acesso em: 5 dez. 2016.

MARTINS, R. de A. Mayer e a conservação da energia. **Cadernos de História e Filosofia da Ciência**, v. 6, p. 63-95, 1984. Disponível em: <http://www.ghtc.usp.br/server/PDF/ram-18.PDF>. Acesso em: 10 nov. 2016.

MEDEIROS, A. A física de um chute violento no futebol. **Física e Astronomia**, 17 nov. 2011. Disponível em: <http://alexandremedeirosfisicaastronomia.blogspot.com.br/2011/11/fisica-de-um-chute-violento-no-futebol.html>. Acesso em: 7 nov. 2016.

METRIC CONVERSIONS. **Tabelas de conversão métricas e calculadoras para conversões métricas**. Disponível em: <http://www.metric-conversions.org/pt-br/>. Acesso em: 5 nov. 2016.

MOVIMENTO retilíneo com frenagem. General Physics Java Applets. Disponível em: <http://surendranath.tripod.com/Applets/Kinematics/Brake/AB.html>. Acesso em: 7 nov. 2016.

NEWTON'S CANNON ON A MOUNTAIN. Galileo, Physics, Virginia. Disponível em: <http://galileo.phys.virginia.edu/classes/109N/more_stuff/flashlets/NewtMtn/NewtMtn.html>. Acesso em: 8 nov. 2016.

NEWTON'S FIRST LAW AND FRAMES OF REFERENCE. Halliday. Disponível em: <http://higheredbcs.wiley.com/legacy/college/halliday/0471758019/simulations/sim45/sim45.html>. Acesso em: 8 nov. 2016.

NEWTON'S SECOND LAW. Halliday. Disponível em: <http://higheredbcs.wiley.com/legacy/college/halliday/0471758019/simulations/sim17/sim17.html>. Acesso em: 8 nov. 2016.

NIST – National Institute of Standards and Technology. Disponível em: <http://www.nist.gov/>. Acesso em: 8 nov. 2016.

ONE-DIMENSIONAL CONSTANT ACCELERATION. Halliday. Disponível em: <http://higheredbcs.wiley.com/legacy/college/halliday/0471758019/simulations/sim01/sim01.html>. Acesso em: 8 nov. 2016.

OS FUNDAMENTOS DA FÍSICA. Disponível em: <http://osfundamentosdafisica.blogspot.com.br/2013/10/cursos-do-blog-mecanica_14.html>. Acesso em 11 nov. 2016.

PHET. **Energia do parque de skate**. Disponível em: <https://phet.colorado.edu/pt/simulation/legacy/energy-skate-park>. Acesso em: 9 nov. 2016a.

PHET. **Forças e movimento**. Disponível em: <https://phet.colorado.edu/pt/simulation/legacy/forces-and-motion-basics>. Acesso em: 8 nov. 2016b.

PHET. **Plano inclinado**: forças e movimento. Disponível em: <https://phet.colorado.edu/pt/simulation/legacy/ramp-forces-and-motion>. Acesso em: 8 nov. 2016c.

PHET. **The ramp**. Disponível em: <https://phet.colorado.edu/pt/simulation/legacy/the-ramp>. Acesso em: 9 nov. 2016d.

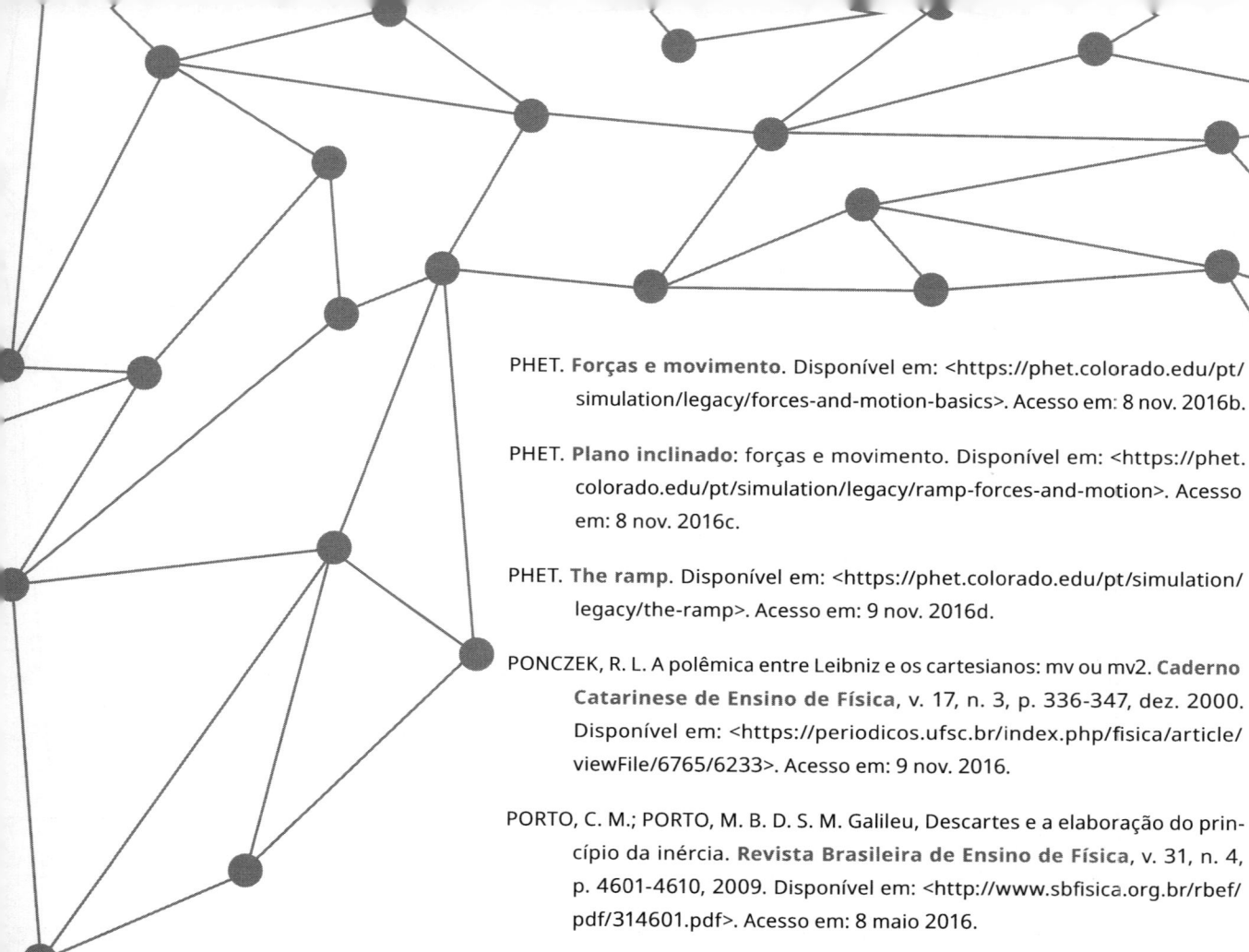

PONCZEK, R. L. A polêmica entre Leibniz e os cartesianos: mv ou mv2. **Caderno Catarinese de Ensino de Física**, v. 17, n. 3, p. 336-347, dez. 2000. Disponível em: <https://periodicos.ufsc.br/index.php/fisica/article/viewFile/6765/6233>. Acesso em: 9 nov. 2016.

PORTO, C. M.; PORTO, M. B. D. S. M. Galileu, Descartes e a elaboração do princípio da inércia. **Revista Brasileira de Ensino de Física**, v. 31, n. 4, p. 4601-4610, 2009. Disponível em: <http://www.sbfisica.org.br/rbef/pdf/314601.pdf>. Acesso em: 8 maio 2016.

PROJECTILE MOTION. Halliday. Disponível em: <http://higheredbcs.wiley.com/legacy/college/halliday/0471758019/simulations/sim04/sim04.html>. Acesso em: 7 nov. 2016.

PROJECTILE MOTION. General Physics Java Applets. Disponível em: <http://surendranath.tripod.com/Applets/Kinematics/ProjectileMotion/PM.html>. Acesso em: 7 nov. 2016a.

PROJECTILE MOTION. General Physics Java Applets. Disponível em: <http://surendranath.tripod.com/Applets/Kinematics/ProjectileMotion/PMHP.html>. Acesso em: 7 nov. 2016b.

PROJECTILE MOTION. General Physics Java Applets. Disponível em: <http://surendranath.tripod.com/Applets/Kinematics/ProjectileMotion/PMV.html>. Acesso em: 7 nov. 2016c.

PROJECTILE MOTION. General Physics Java Applets. Disponível em: <http://surendranath.tripod.com/Applets/Kinematics/ProjectileMotion/PMC.html>. Acesso em: 7 nov. 2016d.

PROJECTILE MOTION. Disponível em: <http://science.sbcc.edu/~physics/flash/projectilemotion.html>. Acesso em: 7 nov. 2016.

PROJECTILE RANGE. Disponível em: <http://science.sbcc.edu/~physics/flash/projectilerange2.html>. Acesso em: 7 nov. 2016.

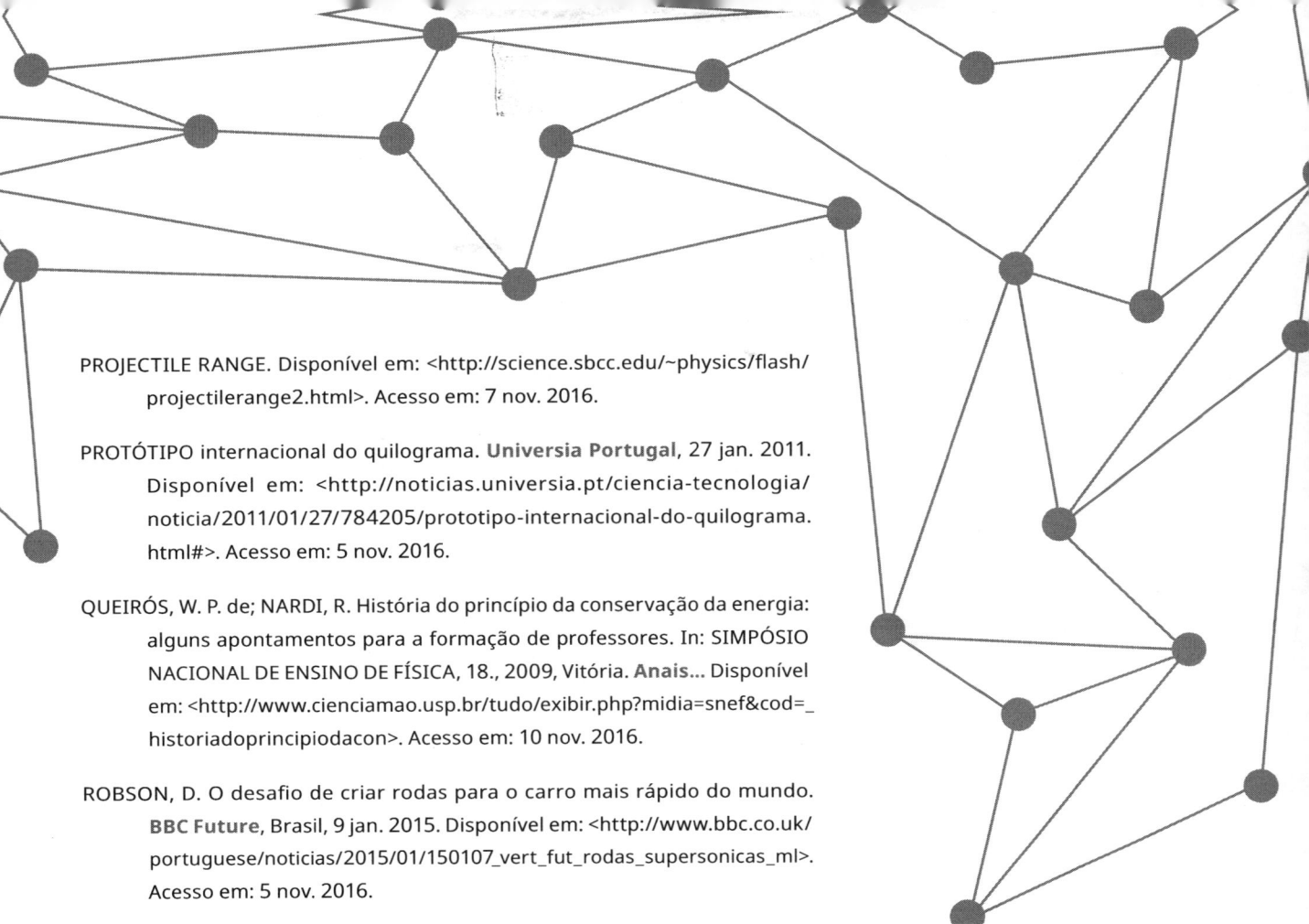

PROTÓTIPO internacional do quilograma. **Universia Portugal**, 27 jan. 2011. Disponível em: <http://noticias.universia.pt/ciencia-tecnologia/noticia/2011/01/27/784205/prototipo-internacional-do-quilograma.html#>. Acesso em: 5 nov. 2016.

QUEIRÓS, W. P. de; NARDI, R. História do princípio da conservação da energia: alguns apontamentos para a formação de professores. In: SIMPÓSIO NACIONAL DE ENSINO DE FÍSICA, 18., 2009, Vitória. **Anais...** Disponível em: <http://www.cienciamao.usp.br/tudo/exibir.php?midia=snef&cod=_historiadoprincipiodacon>. Acesso em: 10 nov. 2016.

ROBSON, D. O desafio de criar rodas para o carro mais rápido do mundo. **BBC Future**, Brasil, 9 jan. 2015. Disponível em: <http://www.bbc.co.uk/portuguese/noticias/2015/01/150107_vert_fut_rodas_supersonicas_ml>. Acesso em: 5 nov. 2016.

STATIC FRICTION. Halliday. Disponível em: <http://higheredbcs.wiley.com/legacy/college/halliday/0471758019/simulations/sim18/sim18.html>. Acesso em: 8 nov. 2016.

STEFANELLI, E. J. **Guia de interação**: paquímetro universal com nônio ou vernier, digital ou com relógio; em milímetro, polegada fracionária ou polegada milesimal. Disponível em: <http://www.stefanelli.eng.br/webpage/metrologia/i-paquimetro.html>. Acesso em: 5 nov. 2016.

STOPPING DISTANCE OF A CAR . Halliday. Disponível em: <http://higheredbcs.wiley.com/legacy/college/halliday/0471758019/simulations/sim10/sim10.html>. Acesso em: 7 nov. 2016.

TAVEIRA, A. M. A.; BARREIRO, A. C. M.; BAGNATO, V. S. Simples demonstração do movimento de projéteis em sala de aula. **Caderno Catarinense de Ensino de Física**, v. 9, n. 1, abr. 1992. Disponível em: <https://periodicos.ufsc.br/index.php/fisica/article/view/9902/9237>. Acesso em: 7 nov.2016

WORK AND ENERGY. Halliday. Disponível em: <http://higheredbcs.wiley.com/legacy/college/halliday/0471758019/simulations/sim07/sim07.html>. Acesso em: 8 maio 2016.

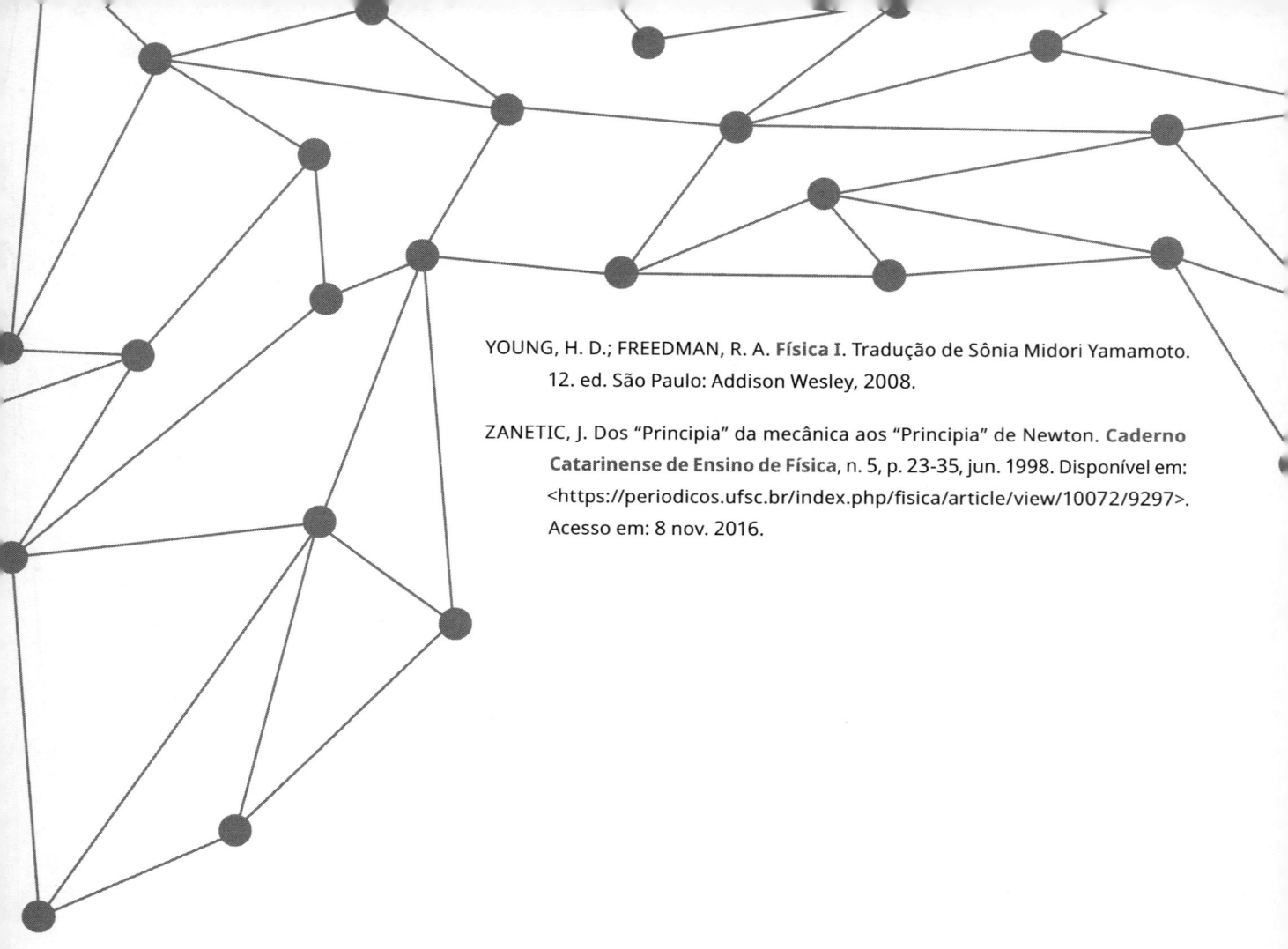

YOUNG, H. D.; FREEDMAN, R. A. **Física I**. Tradução de Sônia Midori Yamamoto. 12. ed. São Paulo: Addison Wesley, 2008.

ZANETIC, J. Dos "Principia" da mecânica aos "Principia" de Newton. **Caderno Catarinense de Ensino de Física**, n. 5, p. 23-35, jun. 1998. Disponível em: <https://periodicos.ufsc.br/index.php/fisica/article/view/10072/9297>. Acesso em: 8 nov. 2016.

# BIBLIOGRAFIA COMENTADA

HALLIDAY, D.; RESNICK, R.; WALKER, J. **Fundamentos de física**. Tradução de Ronaldo Sérgio de Biasi. 9. ed. Rio de Janeiro: LTC, 2012. v. 1 (Mecânica).

Esse livro é um dos mais utilizados nos cursos de Engenharia, Física e Matemática. De modo geral, desenvolve os conteúdos com aplicação de exercício e propõe problemas para reflexão e resolução.

NUSSENZVEIG, H. M. **Curso de física básica**. São Paulo: Blücher, 2002. v. 1 (Mecânica).

Utilizado em cursos de Engenharia, Física e Matemática, esse livro propõe discussões sobre os princípios básicos da física e pretende desenvolver a intuição e a capacidade de raciocínio físico.

SEARS, F. et al. **Física I**: mecânica. São Paulo: Addison Wesley, 2008.

Essa é uma obra de referência que aborda princípios fundamentais de física e contém exercícios e exemplos que permitem aos estudantes avaliar e resolver problemas.

SERWAY, R. A.; JEWETT JR., J. W. **Princípios de Física**. São Paulo: Thomson, 2004. v. 1 (Mecânica Clássica).

Esse livro é frequentemente utilizado em cursos de Engenharia, Matemática e áreas afins. Desenvolve conteúdos com aplicação de exercício apresenta muitas propostas de problemas.

TIPLER, P. A.; Mosca, G. **Física para cientistas e engenheiros**. Rio de Janeiro: LTC, 2009. v. 1 (Mecânica, oscilações e ondas, termodinâmica).

É um livro indicado para estudantes que desejam aprofundar seus conhecimentos em conceitos físicos, trabalhados em cursos de Física e Engenharia Elétrica.

# Anexos[i]

[i] Fonte dos anexos: HALLIDAY, D.; R., Robert; W., Jearl. Fundamentos de Física. v. 1 – Mecânica. 9. ed. São Paulo: LTC, 2012. p. A-3212

## Anexo 1 – Sistema Internacional: unidades fundamentais

| Unidades fundamentais do SI | | | |
|---|---|---|---|
| Grandeza | Nome | Símbolo | Definição |
| Comprimento | metro | m | "A distância percorrida pela luz no vácuo em 1/299.792.458 de segundo." (1983). |
| Massa | quilograma | kg | "Esse protótipo [um certo cilindro de platina-irídio] será considerado daqui em diante a unidade de massa." (1889). |
| Tempo | segundo | s | "A duração de 9.192.631.770 períodos da radiação correspondente à transição entre os dois níveis hiperfinos do estado fundamental do átomo de césio-133." (1967). |
| Corrente elétrica | ampère | A | "A corrente constante, que, se mantida em dois condutores paralelos retos de comprimento infinito, de seção transversal circular desprezível e separados por um distância de 1 m no vácuo, produziria entre estes condutores uma força igual a $2 \cdot 10^{-7}$ newton por metro de comprimento." (1946) |
| Temperatura termodinâmica | kelvin | K | "A fração 1/273,16 da temperatura termodinâmica do ponto triplo da água." (1967) |
| Quantidade de matéria | mol | mol | "A quantidade de matéria de um sistema que contém um número de entidades elementares igual ao número de átomos que existem em 0,012 quilograma de carbono-12." (1971). |
| Intensidade luminosa | candela | cd | "A intensidade luminosa, em uma dada direção, de uma fonte que emite radiação monocromática de frequência $540 \cdot 10^2$ hertz e que irradia nesta direção com uma intensidade de 1/683 watt por esferorradiano." (1979). |

## Anexo 2 – Sistema Internacional: unidades secundárias

| Unidades secundárias do SI | | | |
|---|---|---|---|
| Grandeza | Nome | Símbolo | Definição |
| Área | metro quadrado | m² | |
| Volume | metro cúbico | m³ | |
| Frequência | hertz | Hz | s⁻¹ |
| Massa específica | quilograma por metro cúbico | kg/m³ | |
| Velocidade escalar | metro por segundo | m/s | |
| Velocidade angular | radiano por segundo | rad/s | |
| Aceleração | metro por segundo ao quadrado | m/s² | |
| Aceleração angular | radiano por segundo ao quadrado | rad/s² | |
| Força | newton | N | |
| Pressão | pascal | Pa | N/m² |
| Trabalho, energia e quantidade de calor | joule | J | N · m |
| Potência | watt | W | J/s |
| Quantidade de carga elétrica | coulomb | C | A · s |
| Diferença de potencial, força eletromotriz | volt | V | W/A |
| Intensidade de campo elétrico | volt por metro (ou newton por coulomb) | V/N | N/C |
| Resistência elétrica | ohm | Ω | V/A |
| Capacitância | farad | F | A · s/V |
| Fluxo magnético | weber | Wb | V · s |
| Indutância | henry | H | V · s/A |
| Densidade de fluxo magnético | tesla | T | T/m² |
| Intensidade de campo magnético | ampère por metro | A/m | |
| Entropia | joule por kelvin | J/K | |
| Calor específico | joule por quilograma-kelvin | J/(kg · K) | |
| Condutividade térmica | watt por metro-kelvin | W/(m · K) | |
| Intensidade radiante | watt por esferorradiano | W/sr | |

## Anexo 3 – Algumas constantes fundamentais da física

| Melhor valor 2006 | | | | |
|---|---|---|---|---|
| Constante | Símbolo | Valor prático | Valor[1] | Incerteza[2] |
| Velocidade da luz no vácuo | $c$ | $3,00 \cdot 10^8$ m/s | 2,99792458 | exata |
| Constante gravitacional | $G$ | $6,67 \cdot 10^{-11}$ m³/s². kg | 6,67428 | 100 |
| Massa do elétron[3] | $m_e$ | $9,11 \cdot 10^{-31}$ kg | 9,10938215 | 0,050 |
| | | $5,49 \cdot 10^{-51}$ u | 5,4857990943 | |
| Massa do próton[3] | $m_p$ | $1,67 \cdot 10^{-27}$ kg | 1,672621637 | 0,50 |
| | | 1,0073 u | 1,00727646677 | $1 \cdot 10^{-4}$ |
| Razão entre a massa do próton e a massa do elétron | $m_p/m_e$ | 1840 | 1836,15267247 | $4,3 \cdot 10^{-4}$ |
| Massa do nêutron[3] | $m_n$ | $1,67 \cdot 10^{-27}$ kg | 1,674927211 | 0,050 |
| | | 1,0087 u | 1,00866491597 | $4,3 \cdot 10^{-4}$ |
| Massa do átomo de hidrogênio[3] | $m_{1H}$ | 1,0078 u | 1,0078250316 | 0,0005 |
| Massa do átomo de deutério[3] | $m_{2H}$ | 2,0136 u | 2,013553212724 | $3,9 \cdot 10^{-5}$ |
| Massa do átomo de hélio[3] | $m_{4He}$ | 4,0026 u | 4,0026032 | 0,067 |
| Massa do múon[3] | $m_\mu$ | $1,88 \cdot 10^{-28}$ kg | 1,88353130 | 0,056 |

1 Os valores dessa coluna têm a mesma unidade e potência de 10 que o valor prático.
2 Partes por milhão.
3 As massas dadas em u estão em unidades unificadas de massa atômica: 1 u = $1,660538782 \cdot 10^{-27}$ kg.

## Anexo 4 – Conversões de Unidades

**Comprimento**
1 quilômetro = 1 000 m = 0,62 milhas
1 metro = 1,09 jardas = 3,28 pés
1 metro = 39,37 polegadas
1 milha = 1,61 km
1 polegada = 2,54 cm
1 pé = 30,48 cm
1 jarda = 91,4 cm
1 ano-luz = 9,46 · $10^{15}$ m
1 angstron = $10^{-8}$ cm

**Área**
1 km² = $10^6$ m² = 0,386 mi² = 247 acres
1 m² = $10^4$ cm² = 10,76 ft²
1 ft² = 929 cm² = 0,093 m²
1 in² = 6,45 cm² e 1 cm² = 0,155 in²
1 acre = 43560 ft² = 4047 m²
1 mi² = 640 acre = 2,59 km²

**Volume**
1 m³ = 106 cm³
1 L = 1 000 cm³ = 1 dm³ = 0,001 m³
1 gal (USA) = 3,78 L e 1 gal (UK) = 4,54 L
1 gal = 128 oz = 231 in³
1 barril (petróleo) = 0,16 m³
1 in³ = 16,39 cm³
1 ft³ = 1728 in³ = 28,32 L = 0,028 m³
1 yd³ = 0,76 m³

**Tempo**
1 h = 60 min = 3 600 s

**Velocidade**
1 km/h = 0,277 m/s = 0,62 mi/h
1 mi/h = 1,6 km/h

**Massa**
1 kg = 1 000 g = 2,2 lb
1 oz = 28,35 g
1 t = 1 000 kg = 2 205 lg
1 lbm = 16 oz = 0,45 kg
1 slug = 14,59 kg
1 uma = 1,66 · $10^{-27}$ kg

**Densidade**
1 g/cm³ = 1 000 kg/m³
1 lg/in³ = 27,68 g/cm³
1 lb/ft³ = 16,02 kg/m³
1 slug/ft³ = 515,4 kg/m³

**Aceleração**
1 m/s² = 3,2 ft/s²
Aceleração da gravidade
SI: g = 9,8 m/s²
Sistema inglês: g = 32,2 ft/s²

**Força**
1 N = $10^5$ dyna
1 N = 0,225 lbf
1 lbf = 4,45 N

**Pressão**
1 Pa = 1 N/m²
1 atm = 1,013 · $10^5$ N/m² = 101,3 kPa
1 bar = 105 N/m² e 1 atm = 1,01325 bar
1 atm = 760 mmHg = 14,7 lb/in² = 2,12 lb/ft²
1 torr = 1 mmHg = 133,3 Pa

**Energia**
1 J = 1 W/s = 1 N · m
1 cal = 4,18 J = 0,004 Btu
1 J = $10^7$ erg
1 kW · h = 3,6 · $10^6$ J
1 ft · lb = 1,36 J
1 Btu = 778 ft · lb = 1 055 J
1 eV = 1,6 · $10^{-19}$ J

**Potência**
1 HP = 745,5 W
1 Btu/min = 17,58 W
1 W = 1 J/s
1 Btu/h = 0,29 W e 1 Btu/s = 1 055 W

**Temperatura**
T(°C) = 0,556 [T(°F) – 32]
T(K) = T(°C) + 273

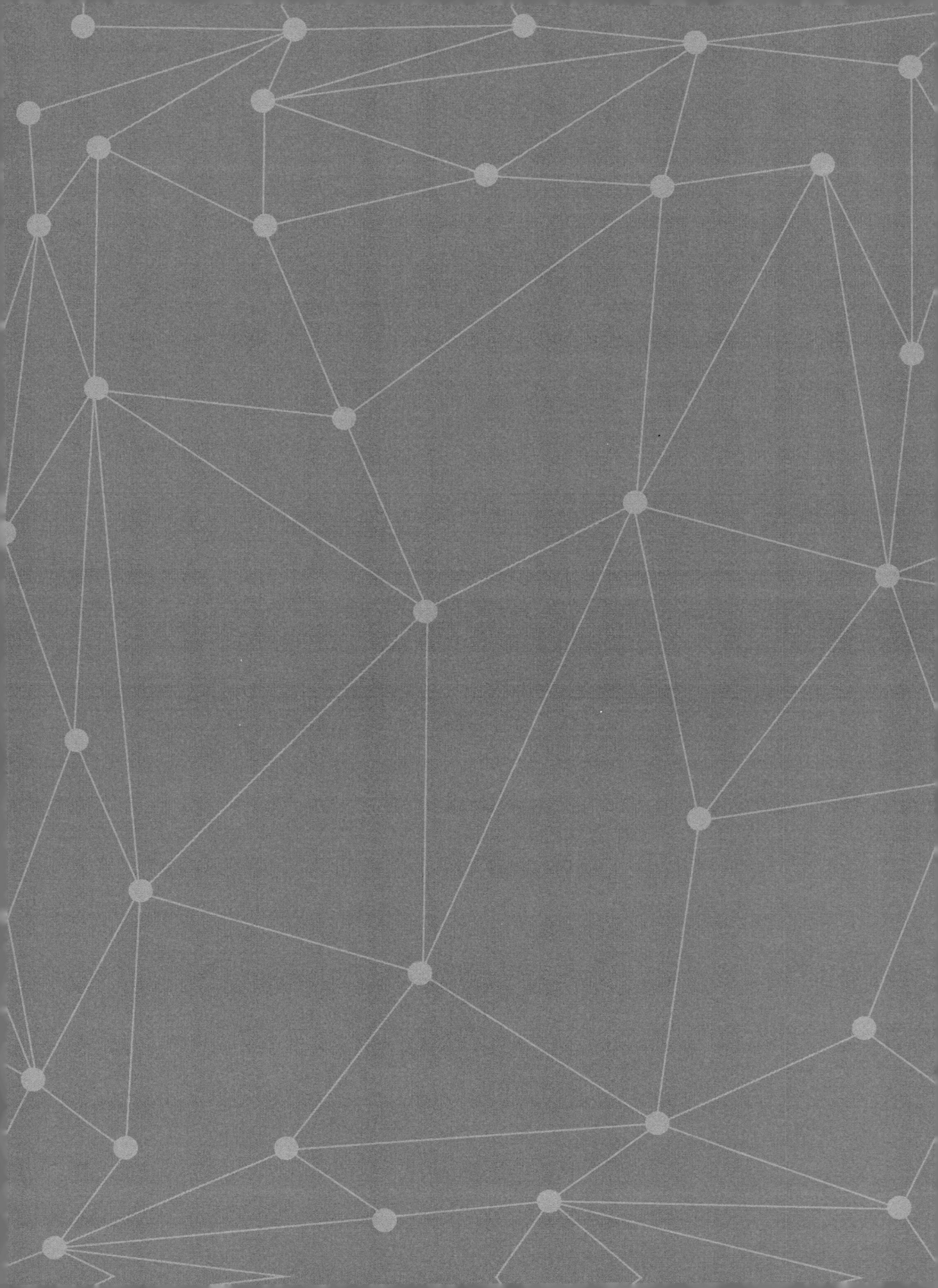

# Respostas

Capítulo 1
1. d
2. c
3. c
4. a
5. a
6. d
7. c
8. d
9. b
10. c

Capítulo 2
1. d
2. b
3. c
4. e
5. e
6. c
7. a
8. d
9. a
10. a

## Capítulo 3

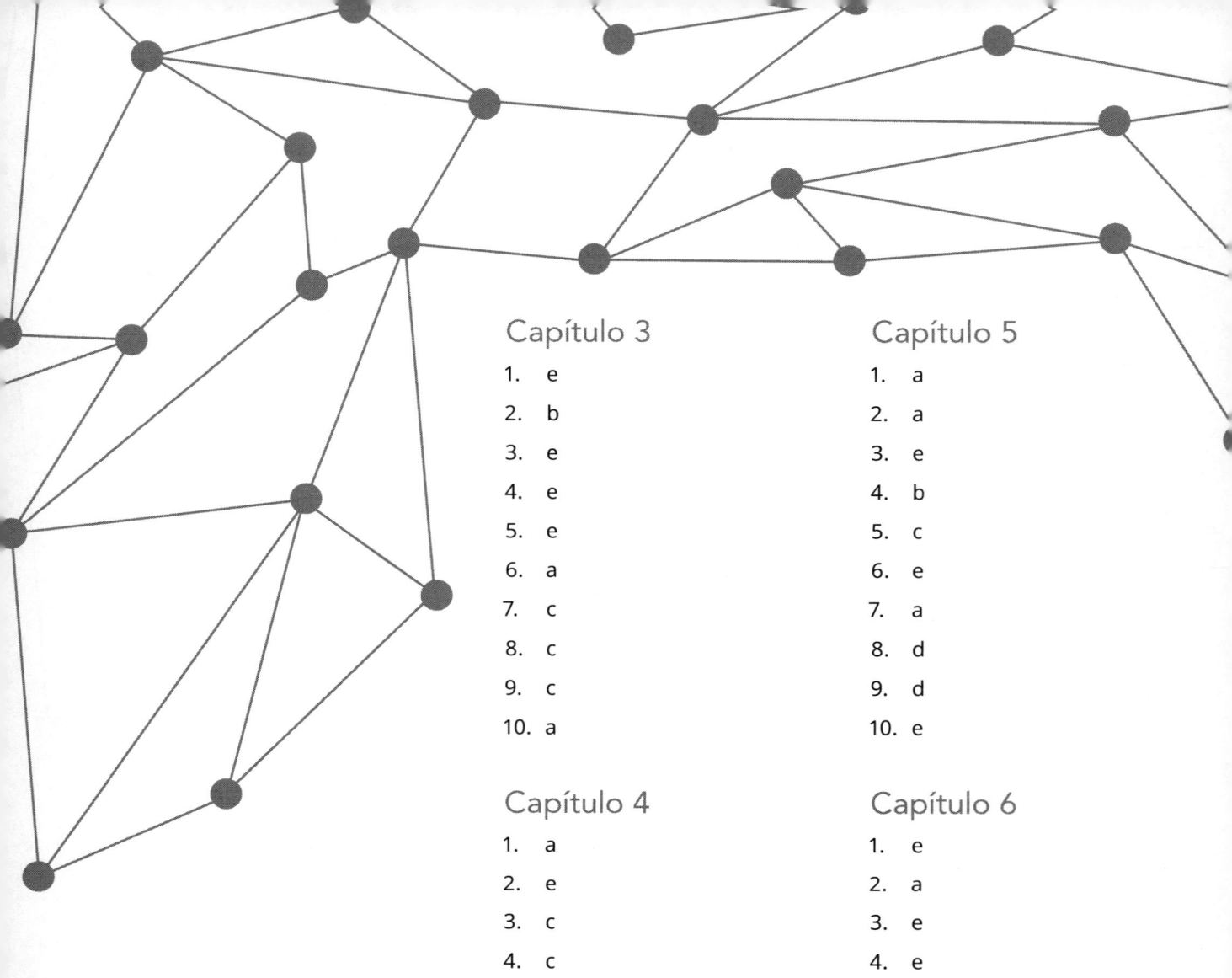

1. e
2. b
3. e
4. e
5. e
6. a
7. c
8. c
9. c
10. a

## Capítulo 4

1. a
2. e
3. c
4. c
5. b
6. d
7. a
8. e
9. a
10. d

## Capítulo 5

1. a
2. a
3. e
4. b
5. c
6. e
7. a
8. d
9. d
10. e

## Capítulo 6

1. e
2. a
3. e
4. e
5. d
6. b
7. d
8. b
9. e
10. d

# Sobre o autor

**Otto Henrique Martins da Silva** é mestre em Educação pela Universidade Federal do Paraná (UFPR), licenciado e bacharel em Física pela mesma universidade. Licenciado em Matemática pela Pontifícia Universidade Católica do Paraná (PUCPR), especialista em Matemática para professores do Ensino Médio pela UFPR, especialista em tutoria para a educação a distância pelo Centro Universitário Internacional Uninter. Atualmente, é professor da Secretaria de Estado da Educação do Paraná, do curso de Física da PUCPR e da Escola Superior de Educação (ESE) do Centro Universitário Internacional Uninter. É autor de livros didáticos e tem experiência em tecnologias educacionais, em ensino de Física e Matemática e em educação a distância, com atuação nos seguintes temas: tecnologias educacionais aplicadas ao ensino presencial e a distância, história e filosofia das ciências, transposição didática e conhecimento escolar.

Impressão:
Janeiro/2024

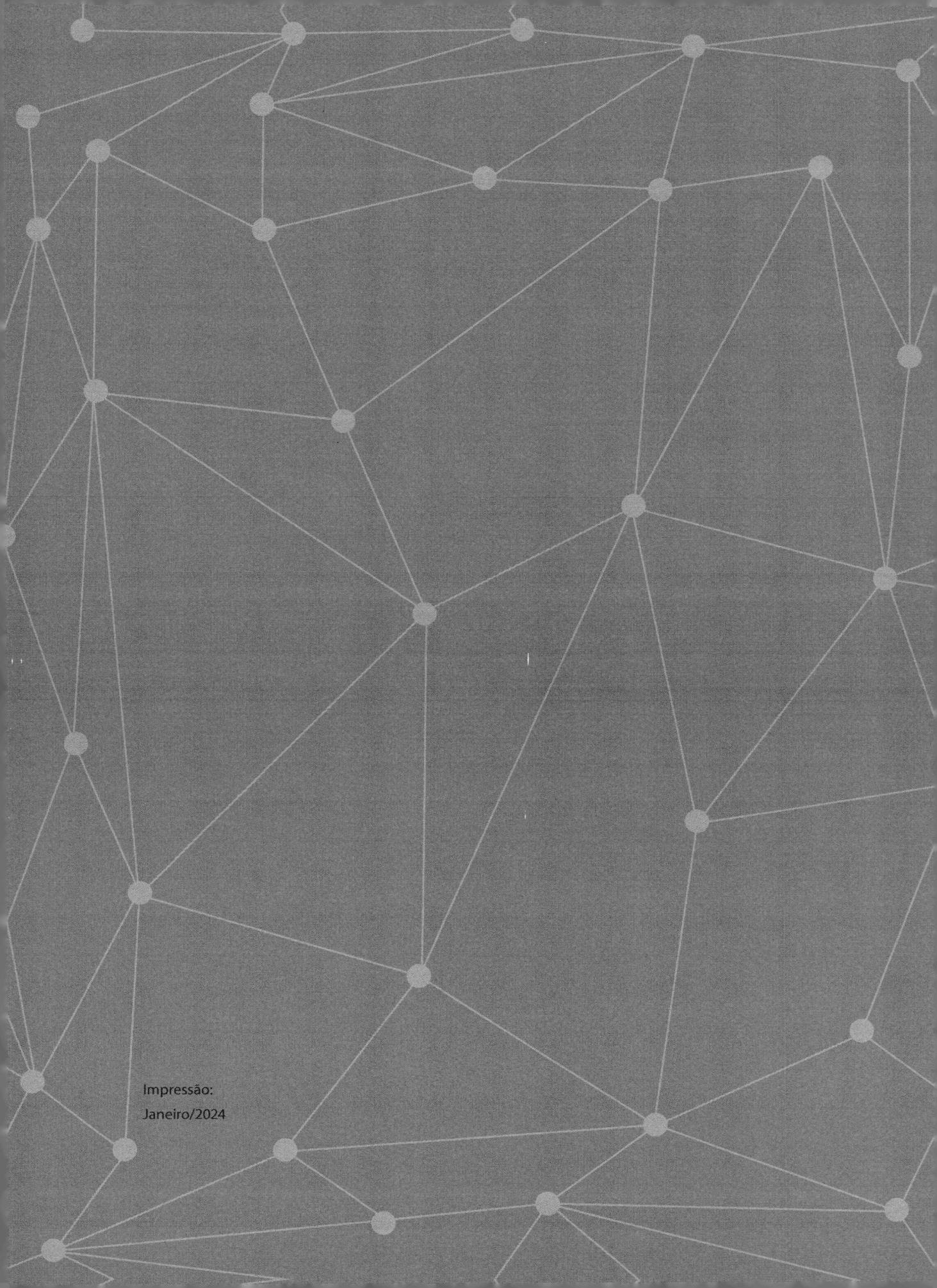